算法深潜

勇敢者的Python探险

[美] Bradford Tuckfield 著

唐李洋 译

Dive Into Algorithms
A Pythonic Adventure for the Intrepid Beginner

内 容 简 介

本书是算法入门指南，基于 Python 语言讲述算法实现。具体内容包括：搜索、排序和最优化算法；以人为本的算法，帮助人们决定如何接棒球或自助餐吃多少；先进的高级算法，比如机器学习和人工智能相关算法；古代文明时期的算法，如古埃及和俄罗斯农夫如何使用算法来实现乘法，古希腊人如何使用算法来找到最大公约数，以及江户时代的日本学者如何设计幻方生成算法。

Copyright © 2021 by Bradford Tuckfield. Title of English-language original: Dive Into Algorithms: A Pythonic Adventure for the Intrepid Beginner, ISBN 9781718500686, published by No Starch Press. Simplified Chinese-language edition Copyright © 2022 by Publishing House of Electronics Industry. All rights reserved.

本书简体中文版专有出版权由 No Starch Press 授予电子工业出版社。
专有出版权受法律保护。

版权贸易合同登记号　图字：01-2021-6104

图书在版编目（CIP）数据

算法深潜：勇敢者的 Python 探险 /（美）布拉德福德·塔克费尔德（Bradford Tuckfield）著；唐李洋译.
北京：电子工业出版社，2022.5
书名原文：Dive Into Algorithms: A Pythonic Adventure for the Intrepid Beginner
ISBN 978-7-121-43223-1

Ⅰ.①算… Ⅱ.①布… ②唐… Ⅲ.①软件工具－程序设计 Ⅳ.①TP311.561

中国版本图书馆 CIP 数据核字（2022）第 052110 号

责任编辑：张春雨
印　　刷：三河市龙林印务有限公司
装　　订：三河市龙林印务有限公司
出版发行：电子工业出版社
　　　　　北京市海淀区万寿路 173 信箱　邮编：100036
开　　本：787×980　1/16　印张：15.75　字数：356.8 千字
版　　次：2022 年 5 月第 1 版
印　　次：2022 年 5 月第 1 次印刷
定　　价：100.00 元

凡所购买电子工业出版社图书有缺损问题，请向购买书店调换。若书店售缺，请与本社发行部联系，联系及邮购电话：(010) 88254888，88258888。
质量投诉请发邮件至 zlts@phei.com.cn，盗版侵权举报请发邮件至 dbqq@phei.com.cn。
本书咨询联系方式：(010) 51260888-819，faq@phei.com.cn。

推荐语

算法是每一位程序员通向技术高峰的必备技能，但它也是一块非常难啃的"硬骨头"。本书以实际案例进行讲解，通过 Python 运行实例，让算法变得简单易懂。如果你想学习算法，本书是一个非常好的选择。

——路人甲

语言和框架的发展让开发变得越来越简单，现成的"轮子"把复杂任务模块化，但同时也隐去了内在的算法细节。若只会调用而不懂原理，开发就成了无本之木。本书将为你拆解开这些"轮子"，带你逐步探究算法的原理和实现过程，让开发者知其然，更知其所以然。

——Crossin（袁昕）　"Crossin 的编程教室"作者

算法在计算机科学中具有举足轻重的地位，也许是算法太重要了，以至于讲述起来都十分严肃，然而算法也是非常有趣的。本书从现实问题出发，告诉我们原来算法也可以这样平易近人。此外，作者旁征博引，读来引人入胜，示例讲解非常详细，因此本书也是一本很好的算法入门书籍。

——陆小风　"码农的荒岛求生"公众号主

Python 是一种写代码很快的语言，简单好用的组合数据类型就为效率做出较大提升。这也使得在此之上的算法设计有了更多发挥的空间，使得人们不再需要浪费大量精力在底层数据结构的工作上。

过去几年我在音频识别系统和 GIS 领域的算法设计中，应用 Python 取得了不错的效果。这使得我可以更关注算法本身的设计，做出指数级增长的优化。优化的结果并非快了多少倍，而是以 log 指数函数增长的。

本书介绍了大量底层算法 Python 实现，Python 程序员可以更加方便地应用这些高级算法来使得系统更加强大而高效。在获得优异效果的同时也有助于保护头发。

——gashero　Python 技术专家

很高兴看到用 Python 描述算法，通过 Python，我们更关注算法本身，而不是语法细节。本书深入浅出地讲解了算法从古至今的应用，既有常见的排序搜索，也有机器学习、人工智能领域的讨论。学习完本书，你可以对算法有一个扎实的理解。推荐算法入门学员和算法爱好者阅读。

——彭涛　字码网络创始人&涛哥聊 Python 博主

推荐序一

友人相邀,为这本"算法+Python"译作成序。作为国内推动 Python 语言的先行者,我自然对这样一个题目非常感兴趣,先睹为快。

原作书名中有个词"Adventure",中文译成"探险",很好说明了这本书的特性:它的确是一次算法探险。与学者著书不同,这是一本企业作者的图书,因此,内容组织很跳脱,洋洋洒洒、不拘一格,似乎随心所欲,又颇有设计。书中既讲解"排序和搜索"这类最基本的算法,大呼传统!但又从自然语言处理、机器学习、人工智能中舀取一瓢,用 N-Gram、决策树、博弈树等算法以点带面,彰显探险!

算法是一个海洋,没有哪本书能覆盖所有,一套书也难。"探险"之旅是一种有益尝试,这本书做到了。对于那些想体验算法魅力的读者,可以跟随本书探险节奏,逐一体会算法的力量。当然,不要把这些算法当作全部,如同一次登山、一次游湖就好。随机数生成、旅行商问题、模拟退火、N-Gram、决策树等,这里的算法终有一款能对你有所启发,开卷有益。

对于引进型图书,读者最担忧的恐怕是翻译质量,我也曾经尝试翻译一些英文书籍,但深知"信达雅"境界之难。在原著跳脱框架下,译者对本书章节进行了较好的整理,文字通俗,贴近读者。更难能可贵的是,译者对原书少许错误进行了修正。当然,译著文风会受到原作影响,英文版书中大量使用"we""you"等词,意图贴近读者,译者对此进行了保留,希望这样的风格能让阅读更愉快。

当然,一本"探险"之作,难以兼顾广度和深度,指望本书算法有理论深度,甚至引导一类问题的解决,也是不现实的。轻风拂过、放眼云舒,或许是更好的心态。若读者希望学得再深入一点，理解"算法"或"算法+Python"，建议阅读算法类经典书籍，或从 Python 语言入手，掌握精深语法。其实，Python 语言以计算生态为特点，构建开源开放全球社区，这种生态语言的魅力更是一种生产力。

最后祝愿读者跟我一样，能从本书中有所收获。

——嵩天 北京理工大学网络空间安全学院副院长、教授、博士生导师

推荐序二：深潜算法好姿势

只要上过计算机专业课程，想来都背得出什么是程序的公式：

程序 = 算法 + 数据结构

不过，一进入具体工作，除非正好是算法岗位，否则很难撞到需要动用算法的场景。即便是撞到了，也很少自己从头撸个复本，一般也都是搜索下载一个对应技术栈对应算法的模块直接用。久而久之到底什么是算法几乎都忘记了。

毕竟，现在如果不是面试大厂，没人去背算法代码了，或者说，用代码实现算法谁都会，可算法是怎么来的好像没人讨论了。记忆中最过瘾的一个算法故事是早在 18 年前在"蟒维基"中看到的——

> "一切从游戏开始，也是从一个具体问题开始，从最直觉的解决方案开始，逐步优化，最后通过梦中阿凡提那头驴的触发，才真正理解了网络中搜索到的算法原理。"

那时和故事里的作者一样，彻夜思考算法问题，豁然而通时的爽快感转眼这么多年再没品尝到。现在终于可以从 Bradford Tuckfield 这本书中批量重温了。

这本书找到的切入点非常普通，但是，却和其他算法图书截然不同，硬生生创造出自己的格调来。

每个算法，不是从代码开始，而是从问题开始，先用物理、数学知识独立解决，再用 Python 落实检验，将算法（algorithm）就是一个有穷规则的集合这一理解真正贯彻在整本书每一个案例中——其实就是在反复还原使用算法的真正合理过程。

这本奇书值得每一位对算法已经丧失感觉的程序员翻阅,让我们找回当年的感觉!

——大妈/ZoomQuiet　CPyUG 联合创始人,蟒营®创始人

推荐序三

算法是什么？对于这个问题，不同的人很可能会给出非常不一样的答案。这本书就是其中之一，复杂、直击本质，又简单明确。首先，回到最初，算法无处不在。没有计算机，没有程序，没有二进制的湿漉漉的动物大脑，在做下意识判断的瞬间就在执行各种各样的算法。接下来作者带我们回顾了一些历史悠久的古老算法，并且用现代的方式予以分析和程序化实现。算法可以用于解决数学问题，但其历史却远远比体系化的数学更为悠久，它不仅根植于文明和智慧，甚至源于生物本能，源于物理现实。算法是用来解决实际问题的，可以说从生物面临生存挑战的那一刻起，地球上就存在算法了。

越过算法历史的篇章，作者接下来对各个领域的算法进行了深入浅出的介绍，包括数学和计算机科学中的诸多有趣和经典的问题，最后还讨论了机器学习和人工智能。机器学习这个话题成为算法领域的时髦风向标确实不无道理，因为它所使用的算法即便比较简单直接，也能够得到十分抢眼的效果。由于在各行业中应用广泛，学习机器学习，自然可能对职业生涯有所助益。

但我自己更喜欢后面人工智能与博弈游戏的章节。可以说游戏与机器人是最初吸引我进入编程世界的根本原因，是一切的起点。想起当年上机课，冲向286，插入5寸盘，争分夺秒完成上机作业，然后疯狂键入事先编好的 BASIC 游戏程序，调试成功后，在机房正大光明打游戏的那种激动心情，简直无法用语言表达。更何况游戏中运行的是自己设计的算法，脑中的逻辑变成真东西的感觉，很梦幻。有这样体验的人一定不止我一个。

说到这里，本书中使用 Python 作为实现算法的语言，可以说是时代的选择了。Python 之所以特别合适，不仅是因为其动态特性，编写和执行方便，而代码体量也灵活自由，丰俭由人；且有强大的海量算法库，等待被 import 魔法随时召唤；也因为 Python 具有严格的可读性要求，在编写和阅读复杂的算法代码时，易于理解显然是十分重要的。

所以，算法究竟是什么？无论对于非专业人员、刚入门的同学还是职业人士，我相信这都是一个值得反复进行灵魂拷问的话题。无论对谁而言，这本算法书一定能在某种程度上，提供一些有趣的、有帮助的思考与答案。

——苏丹　豆瓣用户产品后端负责人

致　　谢

佩吉（Charles Peguy）曾这么描述写作遣词："不同作家笔下的词是不一样的，有的是从内脏里扯出来的，有的是从大衣口袋里掏出来的。"这本书也是如此。有时我感觉这本书像是从大衣口袋里掏出来的，有时又感觉像是从我内脏里扯出来的。在这里我要感谢每一位给予我帮助的人，他们或借给了我大衣，或帮助我收拾散落出来的东西。

一路走来，在很多人的帮助下，我积累了足够多的经验和技能来写这本书。我的父母，David 和 Becky Tuckfield，给了我太多，他们赐予我生命，为我提供教育，始终信任我、鼓励我，还以各种不胜枚举的方式帮助我。Scott Robertson 给了我第一份编程工作，尽管那时候的我代码写得不太好。Randy Jenson 给了我第一份数据科学工作，尽管我经验不足且有局限性。Kumar Kashyap 给了我第一次带领团队做算法开发的机会。David Zou 是第一个付钱让我写文章的人（10 个电影短评 10 美元，但要扣除 PayPal 转账费用），那感觉好极了，于是我继续走上了写作之路。Aditya Date 是第一个建议我写书的人，并且给了我第一次写书的机会。

此外，我还得到了很多老师的鼓励。David Cardon 给了我第一次与学术界合作的机会，在此过程中我学到了很多。Bryan Skelton 和 Leonard Woo 让我知道以后想要成为什么样的人。Wes Hutchinson 教会我诸如 k-means 聚类这样的重要算法，让我更好地理解了算法原理。Chad Emmett 教了我历史和文化相关知识。Uri Simonsohn 让我知道如何对数据进行思考。

还有一些人让我在写书过程中非常愉快。Seshu Edala 帮我调整了工作安排，让我能够写作，还不断地鼓励我。Alex Freed 是校订过程中的开心果。Jennifer Eagar 在本书正式出版前几个月通过 Venmo 购买了本书的副本，成为第一个非官方购书者。Hlaing Hlaing Tun 在每个阶段都一直支持我、帮助我、鼓励我。

这些恩情我无以回报，但至少可以说一声"谢谢"。谢谢你们！

作者简介

Bradford Tuckfield，数据科学家和作家，经营了一家数据科学咨询公司 Kmbara（网址见链接列表 0.1 条目），以及一个小说网站 Dreamtigers（网址见链接列表 0.2 条目）。

技术评审

Alok Malik，数据科学家，来自印度新德里，致力于自然语言处理和计算机视觉领域深度学习模型的 Python 开发。已经完成的开发和部署有语言模型、图像和文本分类器、语言翻译器、语音转文本模型、命名实体识别及目标检测模型等。同时，还参与编写了一本与深度学习相关的图书。闲暇之余，喜欢看看金融知识、逛逛 MOOC、玩玩视频游戏等。

引　言

算法无处不在。今天你很可能已经执行过几个算法了。在本书中，你将看到几十种算法，有的简单、有的复杂，有的名声在外、有的鲜为人知，但它们都很有意思，也都值得学习。本书第一个算法同时也是最"美味"的算法——生成一个浆果麦片芭菲（parfait），如图 1 所示。我们可能习惯于将这种类型的算法称作"食谱"，但它符合 Donald Knuth 的算法定义：算法（algorithm）就是一个有穷规则的集合，规定了解决某一特定问题的操作序列。

浆果麦片芭菲

做法

1. 在一个大玻璃杯底部放 1/6 杯量的蓝莓；
2. 在蓝莓上面铺上 1/2 杯量的原味土耳其酸奶；
3. 在酸奶上面放上 1/3 杯量的麦片；
4. 在麦片上面再铺上 1/2 杯量的原味土耳其酸奶；
5. 再放点草莓；
6. 最后再挤点你最爱的鲜奶油。

图 1　最"美味"的算法

生活中的算法可不只制作芭菲。美国政府每年需要每个成年公民执行一个算法，如果做得不对可能会因此入狱。2017 年，数百万美国人按照图 2 所示的算法履行了这个义务，图片截取自 1040-EZ 表。

1	工资、薪水和小费。应显示在 W-2 表，请附上 W-2 表	1
2	应税利息。如果总额超过 1 500 美元，不能使用 1040-EZ 表	2
3	失业补偿金和阿拉斯加永久基金红利（参见说明）	3
4	将 1、2、3 行相加，得到**调整后总收入**	4
5	如果你（或你的配偶，联合报税适用）有依附人（dependent），请勾选以下复选框，并填上背面表的金额。 ☐ 你　　☐ 配偶 如果你（或你的配偶，联合报税适用）没有依附人，单身请填$10 400，已婚夫妻**联合报税请填$20 800**。请看背面的解释说明	5
6	第 4 行减去第 5 行。如果第 5 行大于第 4 行，填写 0。这是你的应税所得 ▶	6
7	从 W-2 和 1099 表扣缴联邦所得税	7
8a	**收入所得税抵免**（Earned Income Credit, EIC）（参见说明）	8a
8b	是否符合非应税薪资　　　　　　　　　8b	
9	第 7 行加上第 8a 行。这是总的已付税款及减免 ▶	9
10	税。使用上面第 6 行的金额，在税表上找到你的税，然后填在这一行	10
11	健康医疗：个人责任（参见说明）　　　全年☐	11
12	第 10 行加上第 11 行。这是你的总应缴税	12

图 2　报税步骤符合算法的定义

那么，税和芭菲有什么共同点呢？税是不可避免的、数字性的，也很麻烦；芭菲是不常见的、艺术性的、不费力气的，而且人人喜爱。它们唯一的共同点是需要遵循算法去做准备。

伟大的计算机科学家 Donald Knuth 不仅定义了算法，还发现，食谱（recipe）、程序（procedure）、冗长复杂的手续（rigmarole）跟算法差不多，是近义词。比如用 1040-EZ 表报税，一共有 12 个步骤（有穷集合），定义了操作（如第 4 步的加法、第 6 步的减法），解决了特定的问题：免于因逃税被捕。再比如制作芭菲，一共有 6 个有限的步骤，定义了操作（如第 1 步放、第 2 步铺），解决了特定的问题：想要或想吃芭菲。

随着对算法了解的深入，你会发现算法随处可见，开始感叹算法是多么强大。第 1 章我们讨论人类非凡的接球能力，探究接球的人类潜意识算法细节。然后我们讲述以下算法：代码调试、决定自助餐吃多少东西、收益最大化、列表排序、任务调度、文本校对、发送邮件，以及如何在国际象棋和数独等游戏中获胜。接着，我们学习如何基于专业人士认为是重要的属性，对算法进行评价。最后开始了解算法的技艺，或者可以说是算法的**艺术**，在努力实现精确和定量的同时，为创造力和个性化提供空间。

目标读者

这是一本简明的算法入门书，附有 Python 代码。要想得到最大收获，你应当具有以下经验：

- **编写程序/代码**。本书示例都是用 Python 代码进行描述的。为了让没有 Python 经验或不太会编程的人也能读懂，我们力争对每段代码都进行走查（walkthrough）和解释。但是最好能够对编程基础知识有起码的了解，如变量赋值、for 循环、if/then 语句、函数调用等。
- **高中数学**。通常算法跟数学所做的事情一样，比如求解方程式、优化、值的计算等。与数学思维相关的很多原理同样适用于算法，比如逻辑性、定义要精确等。有些内容涉及数学领域，包括代数、勾股定理、pi，还有一点点微积分基础。本书的知识尽量避免深奥，不会超过美国高中数学难度。

只要具备以上要求，应该就能够掌握本书的所有内容。

本书读者群体包括：

- **学生**。本书可作为高中或本科水平的算法、计算机科学或编程等课程的入门教材。
- **专业人士**。以下类型的专业人员可以从本书获得有价值的技能：想要熟悉 Python 的开发人员或工程师，以及想要学习更多关于计算机科学基础和如何通过算法式思维来优化代码的开发人员。

- **感兴趣的业余爱好者**。本书真正的目标读者是那些感兴趣的业余爱好者。算法几乎涉及生活的方方面面，因此每个人都能在本书中找到一些能提高他们对周围世界欣赏力的内容。

本书简介

本书不会对每个现有算法都面面俱到，那样只能停留在入门指导层面。读完本书，你会对什么是算法有一个扎实的理解，知道如何用代码实现重要的算法，如何评价和优化算法的性能，还会熟悉如今最受专业人士欢迎的算法。章节安排如下：

- 第 1 章：**用算法解决问题**，包括处理如何接球的问题，寻找控制人类行为的潜意识算法的证据，进而讨论算法的实用性及如何设计算法。
- 第 2 章：**算法简史**，包括我们周游世界、穿越历史，探索古埃及和俄罗斯农夫是如何做乘法的，古希腊人是如何找到最大公约数的，以及中世纪日本学者是如何创造幻方（magic square）的。
- 第 3 章：**最大化和最小化**，引入梯度上升和梯度下降。寻找函数的极大值和极小值，解决优化问题，这是许多算法的重要目标。
- 第 4 章：**排序和搜索**，讲述对列表进行排序及搜索列表内元素的基本算法，还介绍如何衡量算法的效率和速度。
- 第 5 章：**纯数学**，关注纯数学算法，包括生成连分式、计算平方根和生成伪随机数等。
- 第 6 章：**高级优化**，讨论一种寻找最优解的高级方法：模拟退火。还介绍旅行商问题，这是高级计算机科学的一个标准问题。
- 第 7 章：**几何学**，讨论如何生成 Voronoi 图，这在各种几何应用中都很有用。
- 第 8 章：**语言**，讨论如何在缺少空格的文本中智能地添加空格，以及如何智能地建议短语的下一个单词。
- 第 9 章：**机器学习**，讨论决策树，这是一种基本的机器学习方法。
- 第 10 章：**人工智能**，开始一个雄心勃勃的项目：实现一个游戏算法，先从简单的点格棋（dots and boxes）游戏开始，并讨论如何提高性能。

- 第 11 章：勇往直前，探讨如何进行算法相关的更高级的工作。讨论如何构建一个聊天机器人，以及如何通过创建一个数独算法来赢得 100 万美元。

准备环境

本书使用 Python 语言实现算法。Python 是免费、开源的，可以在各大主要平台上运行。按照以下步骤分别在 Windows、macOS 和 Linux 上安装 Python。

在 Windows 上安装 Python

在 Windows 上安装 Python 的步骤如下：

1. 打开 Python Windows 最新版本的页面（确保包含最后的斜杠）：网址见链接列表 0.3 条目。

2. 单击要下载的 Python 版本的链接。要下载最新版本，请单击链接 **Latest Python 3 Release-3.X.Y**，3.X.Y 是最新版本号，比如 3.8.3。本书中的代码在 Python 3.6 和 Python 3.8 上都进行了测试。如果想下载更老的版本，将页面向下滚动到稳定版本部分，找到你想要的即可。

3. 单击第 2 步的链接跳转到已选择的 Python 版本页面，在文件部分，单击 **Windows x86-64 executable installer** 链接。

4. 打开第 3 步的链接后会下载一个 .exe 文件，这是一个安装文件，双击打开即可自动运行安装。勾选 **Add Python 3.X to PATH**，这里的 X 是你下载的安装文件版本号，比如 8。然后，单击 **Install Now**，选择默认选项。

5. 看到"设置成功"对话框后，单击 **Close**，继续安装过程。

现在，计算机上多了一个新的应用程序，名字是 Python 3.X，其中 X 是 Python 3 的版本号。在 Windows 搜索框输入 **Python**，出现应用程序后，单击打开 Python 控制台。在控制台中输入 Python 命令，即可运行。

在 macOS 上安装 Python

在 macOS 上安装 Python 的步骤如下：

1. 打开 Python macOS 最新版本的页面（确保包含最后的斜杠）：网址见链接列表 0.4 条目。

2. 单击要下载的 Python 版本的链接。要下载最新版本，请单击链接 **Latest Python 3 Release-3.X.Y**，3.X.Y 是最新的版本号，比如 3.8.3。本书中的代码在 Python 3.6 和 Python 3.8 上都进行了测试。如果想下载更老的版本，将页面向下滚动到稳定版本部分，找到你想要的即可。

3. 单击第 2 步的链接跳转到已选择的 Python 版本页面，在文件部分，单击 **macOS 64-bit installer** 链接。

4. 打开第 3 步的链接后会下载一个.pkg 文件，这是一个安装文件，双击打开即可自动运行安装。选择默认选项。

5. 安装完成后会在计算机上创建一个名为 Python 3.X 的文件夹，其中 X 是 Python 3 的版本号。在该文件夹下，双击 IDLE 图标，打开 3.X.Y shell，3.X.Y 是最新版本号。这就是运行 Python 命令的 Python 控制台。

在 Linux 上安装 Python

在 Linux 上安装 Python 的步骤如下：

1. 先确定 Linux 版本使用哪个包管理器。常用的两个包管理器是 yum 和 apt-get。

2. 打开 Linux 控制台（又称终端），运行以下两个命令：

```
> sudo apt-get update
> sudo apt-get install python3.8
```

如果使用 yum 或其他包管理器，将上面两行中的 apt-get 替换成 yum 或者其他包管理器的名字。同样，如果想安装更老的 Python 版本，将 Python 3.8（在编写本书的时候这是最新版）替换成其他版本号，比如 3.6，书中也用了这个版本做代码测试。打开网页（网址见链接列表 0.5 条目），查看 Python 最新版本，你将看到 **Latest Python**

3 Release - Python 3.X.Y 链接，3.X.Y 是最新版本号，安装命令使用前两个数字即可。

3. 在 Linux 控制台运行以下命令，即可运行 Python：

python3

在 Linux 控制台窗口打开 Python 控制台，这是输入 Python 命令的地方。

安装第三方模块

本书有些代码依赖于 Python 模块，从 Python 官方网站下载的核心 Python 软件并不包含这些模块。在计算机上安装第三方模块，请遵循相关说明（网址见链接列表 0.6 条目）。

小结

算法将带领我们周游世界，穿越数千年的历史。我们将探索古埃及、古巴比伦、伯里克利时代的雅典、巴格达、中世纪的欧洲、江户时代的日本及英国的革新，一直到我们非凡的今天，以及现在令人惊叹的技术。我们将被迫寻找解决问题的新方法，并且突破那些最初看上去难以突破的限制。这样，我们不仅能与古代科学的先驱们建立联系，还能与如今使用计算机或比赛中负责接棒球的人们建立联系，与尚未出生的算法使用者和创造者建立联系，他们将基于我们遥远过去所留下的东西做开发。这本书就是你算法之旅的开始。

目 录

1 用算法解决问题 1
    分析式方法 2
        伽利略模型 2
        解 x 策略 4
        内在物理学家 5
    算法式方法 6
        用脖子"思考" 6
        应用查普曼算法 10
        用算法解决问题 11
    小结 12

2 算法简史 13
    俄罗斯农夫乘法（RPM） 14
        手工实现 RPM 14
        用 Python 实现 RPM 18
    欧几里得算法 20
        手工实现欧几里得算法 21
        用 Python 实现欧几里得算法 21
    日本幻方 22

    用 Python 创建洛书幻方 23
    用 Python 实现 Kurushima 算法 24
  小结 36

3 最大化和最小化 37

  设定税率 37
    正确步骤 38
    将迈步变成算法 41
    梯度上升存在的问题 43
  局部极值问题 45
    教育和终身收入 45
    沿着教育维度爬坡——正确方式 47
  从最大化到最小化 48
  通用爬山法 51
  什么时候不要使用算法 52
  小结 53

4 排序和搜索 54

  插入排序 55
    插入排序中的插入 55
    通过插入完成排序 57
  衡量算法效率 59
    为什么追求效率 59
    准确衡量时间 60
    计算步数 61
    对比众所周知的函数 64
    增加理论精度 67
    使用大 O 符号 68
  归并排序 69

　　　　归并操作 70
　　　　从归并到排序 72
　　睡眠排序 76
　　从排序到搜索 78
　　　　二进制搜索 78
　　　　二进制搜索的应用 80
　　小结 81

5　纯数学 82

　　连分式 82
　　　　Phi 的压缩和交换 83
　　　　连分式的更多知识 85
　　　　生成连分式的算法 86
　　　　从小数到连分式 90
　　　　从分数到根数 92
　　平方根 93
　　　　巴比伦算法 93
　　　　Python 中的平方根 95
　　随机数生成器 96
　　　　随机的可能性 96
　　　　线性同余生成器 97
　　　　评价 PRNG 98
　　　　随机性的 Diehard 测试 100
　　　　线性反馈移位寄存器 102
　　小结 105

6　高级优化 106

　　旅行商问题 107
　　　　问题定义 107

目录　**XXIII**

智力对比蛮力	112
最近邻算法	113
实现最近邻搜索	113
进一步改进	115
贪婪算法	118
引入温度函数	118
模拟退火	120
算法调优	123
避免重大退步	126
允许重置	127
测试性能	128
小结	130

7 几何学 131

邮政局长问题	131
三角形基础	134
高级研究生级的三角形知识	137
寻找外心	137
提升绘图能力	140
Delaunay 三角剖分	141
增量生成 Delaunay 三角剖分	143
实现 Delaunay 三角网	146
从 Delaunay 到 Voronoi	151
小结	155

8 语言 157

为什么语言类算法很难	157
插入空格	158
定义单词列表并找到单词	159

处理复合词	161
检查空格间的潜在单词	161
导入语料库检查有效词	163
找到潜在单词的前半部分和后半部分	164
短语补全	168
分词并求 n-gram	168
我们的策略	169
找到候选 $n+1$-gram	170
基于频次选择短语	171
小结	173

9 机器学习 174

决策树	174
构建决策树	176
下载数据集	176
查看数据	177
分割数据	178
更聪明的分割	180
选择分裂变量	182
增加深度	184
评估决策树	187
过度拟合问题	189
改进和优化	192
随机森林	193
小结	193

10 人工智能 194

点格棋	195
画棋盘	196

  游戏描述 ... 197
  游戏得分 ... 198
  博弈树及如何获胜 ... 200
    构建树 ... 202
    获胜 ... 205
    改进 ... 209
  小结 ... 210

11 勇往直前 ... 212
  用算法做更多事情 ... 213
  构建聊天机器人 ... 214
    文本向量化 ... 216
    向量相似度 ... 218
  变得更快更好 ... 220
  雄心勃勃的算法 ... 221
  解开最深的奥秘 ... 224

读者服务

微信扫码回复：43223

- 加入"Python"开发交流群，与更多同道中人互动
- 获取【百场业界大咖直播合集】（持续更新），仅需 1 元

1

用算法解决问题

接球的动作很了不起。球可能从很远的地方来，看上去不过是地平线上的一个小点。可能只在空中停留几秒钟或更短的时间。球受到空气阻力、风，还有地心引力的作用，以类似抛物线的方式运动。每一次抛掷，球都会以不同的力、不同的角度、在不同的环境和条件下飞出去。那么，击球手击出棒球的那一刻，300英尺（约91米）外的外场手是如何立即知道该往哪里跑才能在球落地前把它接住的呢？

这就是外场手问题（outfielder problem），目前人们在学术期刊上仍在讨论这个问题。我们从外场手问题入手，有两种完全不同的解决方法：分析式方法和算法式方法。通过对比这两种解决方法可以生动地阐述什么是算法，以及它与其他解决问题的方法相比有什么不同。而且，外场手问题有助于想象一个抽象的运动场——你可能有一些抛球和接球的经验，这些经验有助于你理解实践背后的理论。

在真正理解人类是如何准确地知道球将会落在哪里之前，我们先理解机器是如何做到这一点的。首先看看外场手问题的分析式方法。这在数学上是精确的，计算机很容易立即执行，物理入门课程通常会教授这类方法；这能让一个足够敏捷的机器人为棒球队打外场。

但是，人类不能在头脑中轻松地运行分析方程，当然也做不到计算机那么快。对人类大脑来说更合适的是算法式方法，我们将由此探索算法是什么，算法的优势是什么。此外，算法式方法告诉我们算法是人类思维过程的自然产物，不必望而生畏。为了介绍解决问题的新方法——算法式方法，我们来讨论外场手问题。

分析式方法

用分析式方法解决外场手问题，不得不追溯到几个世纪前的运动模型。

伽利略模型

最常用的模拟球的运动方程可以追溯到伽利略，几个世纪前他提出了描述加速度、速度和距离的多项式。如果忽略风和空气阻力，假设球从地面开始运动，根据伽利略模型，抛掷的球在时刻 t 的水平位置由这个公式给出

$$x = v_1 t$$

其中 v_1 表示球在 x（即水平）方向的初始速度。此外，根据伽利略模型，抛掷的球在时刻 t 的高度（y）等于

$$y = v_2 t + \frac{at^2}{2}$$

其中 v_2 表示球在 y（即垂直）方向的初始速度，a 表示重力加速度常数（如果距离单位是 m，则约等于 9.81）。将第一个公式代入第二个公式，得到球的高度（y）与水平位置（x）的关系：

$$y = \frac{v_2}{v_1} x + \frac{ax^2}{2v_1^2}$$

使用伽利略方程可以对假想球的轨迹进行建模，Python 代码如清单 1-1 所示。如果球的初始水平速度为 0.99 米/秒，初始垂直速度为 9.9 米/秒，清单 1-1 是适用的。

你可以试试其他的 v_1 和 v_2 值，来对抛出去的球进行建模。

```
def ball_trajectory(x):
    location = 10*x - 5*(x**2)
    return(location)
```

清单 1-1：计算球轨迹的函数

用 Python 将清单 1-1 的函数画出来，大致看一下球的轨迹是什么样子（不考虑空气阻力及其他可以忽略不计的因素）。第一行导入 matplotlib 模块的绘图功能。在本书代码中我们导入了很多第三方模块，matplotlib 就是其中之一。第三方模块必须先安装再使用。按照下载页面（网址见链接列表 1.1 条目）的指示，安装 matplotlib 及其他第三方模块。

```
import matplotlib.pyplot as plt
xs = [x/100 for x in list(range(201))]
ys = [ball_trajectory(x) for x in xs]
plt.plot(xs,ys)
plt.title('The Trajectory of a Thrown Ball')
plt.xlabel('Horizontal Position of Ball')
plt.ylabel('Vertical Position of Ball')
plt.axhline(y = 0)
plt.show()
```

清单 1-2：画出假想球从抛出（x=0）到落地（x=2）的轨迹图

结果（图 1-1）展示了假想球在空中应该遵循的路径。这条弯弯曲曲的路径与每一个受重力影响的移动抛物体路径类似，小说家托马斯·品钦（Thomas Pynchon）诗意地称之为万有引力之虹（Gravitys Rainbow）。

不是所有球都会严格遵循这个路径，但对某个球来说这是一条可能的路径。球从 0 开始，先上升再下降，就像习惯上看到的那样，我们的视线从左到右，球先上升再下降。

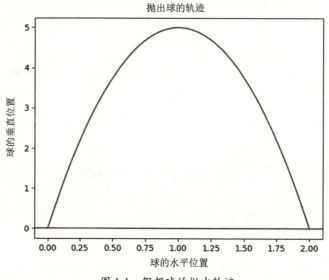

图 1-1　假想球的抛出轨迹

解 x 策略

我们已经有了球的位置方程，就可以求解我们感兴趣的任何东西：比如，球最高点的位置；或者它再次回到地平线的位置，外场手需要知道这个位置才能接住球。只要上过物理课的学生都会求解这些问题，如果想教机器人打外场，当然也要教机器人这些方程。确定球的最终位置，就是令刚才的 `ball_trajectory()` 函数等于 0：

$$0 = 10x - 5x^2$$

然后，利用二次方程解方程求 x：

$$x = \frac{-b \pm \sqrt{b^2 - 4ac}}{2a}$$

这里我们得到两个解 $x=0$ 和 $x=2$。其中，第一个解 $x=0$ 是球的初始位置，即投手抛出或击球手击中的时刻；第二个解 $x=2$ 是球从空中再次落地的时刻。

这个策略比较简单，称为解 x 策略，即用方程描述某种情况，然后对感兴趣的变量解方程。解 x 策略在自然科学领域极为常见，高中和大学都涉及，学生们需要解出：

球的预期位置，经济生产的理想水平，实验中化学物质的比例，或其他东西的数值。

解 x 策略非常强大。假设一支军队观察到敌军发射了一枚弹射武器（比如导弹），他们可以迅速将伽利略公式输入计算器，几乎立刻就能找到导弹预期着陆的位置，并相应地规避或拦截导弹。在个人消费者级笔记本电脑上运行 Python 就可以轻松实现。如果机器人在棒球比赛中打外场，可以毫不费力地接住球。

在这种情况下解 x 策略很简单，因为我们已经知道了公式及其求解方法。前面提到这个抛球公式是伽利略提出来的。二次方程归功于伟大的穆罕默德·伊本·穆萨·花剌子密（Muhammad ibn Musa al-Khwarizmi），他是第一个给出二次方程的完全通解的人。

花剌子密是 19 世纪的博学家，不仅创立了代数（algebra）这个词及代数方法，还对天文学、制图学和三角学都有贡献，是带领我们踏上本书之旅的重要人物之一。站在伽利略和花剌子密这样的巨人肩膀上，我们不需要经历推导方程式的磨难——只需要记住并合理地使用它们即可。

内在物理学家

通过伽利略和花剌子密的方程式，以及解 x 策略，一台精细的机器就可以捕捉到球或拦截导弹了。然而，我们有理由认为，大多数棒球运动员并不会在看到球飞到空中的那一刻就开始写方程式。根据可靠的观察者报告，职业棒球春季训练计划中大量时间用来跑动和击球，很少有时间用来围在白板前推导 Navier-Stokes 方程。求解球落在哪里这种谜题并不能给外场手问题——即人类如何在不依赖计算机程序的情况下本能地知道球会落在哪里——提供明确的答案。

或许答案还是有的。最油嘴滑舌的解决方案是断言：如果计算机通过求解伽利略二次方程就能确定球落在哪里，那么人类也可以。我们称之为内在物理学家理论（inner physicist theory）。根据这个理论，我们大脑的"湿件"（wetware）能够建立并解决二次方程，或者绘制图形并推断出它们的曲线，这些都远在我们的意识极限水平之下。换句话说，我们每个人的大脑深处都有一个"内在的物理学家"，它能在几秒钟内计算出复杂数学问题的精确答案，并将答案传递给肌肉，然后肌肉就带着我们的身体和手套去找球了。哪怕我们从没上过物理课或者解过 x，我们的潜意识也能做到这一点。

内在物理学家理论不乏支持者。其中最著名的是数学家基思·德夫林（Keith Devlin），他于 2006 年出版了一本著作——《数学本能：为什么你是一个数学天才（包括龙虾、鸟、猫、狗）》。书的封面是一只狗跳起来接飞盘的场景，其中箭头分别表示飞盘和狗的轨迹矢量，意指狗能够进行复杂的计算，使这两个矢量相交。

狗能够抓住飞盘、人类能够抓住棒球，似乎是支持内在物理学家理论的。潜意识是一种神秘而强大的东西，它的深度我们尚未完全了解。那么，为什么潜意识不能偶尔解一解高中水平的方程式呢？更要紧的是，内在物理学家理论难以反驳，因为很难想到其他的替代方案：如果狗不能通过解偏微分方程来抓住飞盘，那又是如何抓住的呢？它们往空中猛地一跳，轻而易举就用嘴叼住了移动中的飞盘。如果没有在大脑中解决一些物理问题，它们（还有我们）怎么可能知道如何精确地拦截球呢？

直到 1967 年，仍然没有人给出一个好的答案。那一年，工程师 Vannevar Bush 写了一本书，他在书中描述了他所理解的棒球的科学特征，但对于外场手如何知道往哪里跑才能接到球，却无法给出任何解释。幸运的是，物理学家塞维利亚·查普曼（Seville Chapman）读了 Bush 的书，受到启发，然后第二年提出了自己的理论。

算法式方法

作为一位真正的科学家，查普曼并不满足于对人类潜意识的神秘的、未经证实的信任，他希望能对外场手的能力有一个更具体的解释。下面是他的发现。

用脖子"思考"

为了解决外场手问题，查普曼首先留意到接球可用的信息。虽然人类很难估计一个精确的速度或抛物线轨迹，但他认为夹角更容易观察。如果有人从地面抛出或击中一个球，假设地面是平坦的，那么外场手会在接近眼睛的水平位置开始看到球。想象一下这两者——地面、外场手的眼睛与球之间的连线——形成一个夹角。当球被击球手击中,这个夹角(大约)是 0 度。当球刚飞到空中,它比地面高,地面和外场手看球的视线之间的夹角将会增加。即使外场手没学过几何,也会对这个夹角有一种"感觉"——例如,感觉必须把脖子向后仰多高才能看到球。

假设外场手站在球最终落地的位置,即 $x=2$,我们可以在球的轨迹图上画出视线,看看上面提到的夹角是怎样增加的。执行以下代码,会在清单 1-2 的图上绘制线段,也就是在同一个 Python 会话中运行。这个线段表示球水平移动 0.1 米后外场手的眼睛与球之间的连线。

```
xs2 = [0.1,2]
ys2 = [ball_trajectory(0.1),0]
```

同样,我们可以把其他的视线线段一起绘制出来,看看这个夹角是如何随着球的轨迹不断增加的。执行以下代码,向清单 1-2 绘制的图中添加更多线段。这些线段表示外场手的眼睛与球移动过程中的位置点之间的连线,由球水平移动 0.1、0.2 和 0.3 米后的位置点构成。先创建所有线段,然后将它们一起绘制出来。

```
xs3 = [0.2,2]
ys3 = [ball_trajectory(0.2),0]
xs4 = [0.3,2]
ys4 = [ball_trajectory(0.3),0]
plt.title('The Trajectory of a Thrown Ball - with Lines of Sight')
plt.xlabel('Horizontal Position of Ball')
plt.ylabel('Vertical Position of Ball')
plt.plot(xs,ys,xs2,ys2,xs3,ys3,xs4,ys4)
plt.show()
```

结果得到若干个视线线段,它们与地面的夹角不断增加,如图 1-2 所示。

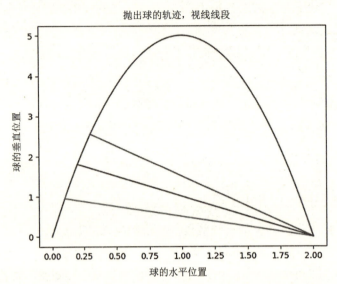

图 1-2　假想球的抛出轨迹，其中线段表示外场手看球的视线线段

随着球的飞行，外场手看它的视线角度不断增加，外场手必须把脖子向后仰直到他能接到球。令地面与外场手视线之间的角度为 theta（θ），假设外场手正好站在球的最终位置（即 $x=2$）。回忆一下高中几何，在直角三角形中，角的正切值（tan）等于对边与邻边（注意不是斜边）之比。在这里，theta 的正切值等于球的高度除以球与外场手之间的水平距离。将构成正切的两个边用 Python 绘制出来：

```
xs5 = [0.3,0.3]
ys5 = [0,ball_trajectory(0.3)]
xs6 = [0.3,2]
ys6 = [0,0]
plt.title('The Trajectory of a Thrown Ball - Tangent Calculation')
plt.xlabel('Horizontal Position of Ball')
plt.ylabel('Vertical Position of Ball')
plt.plot(xs,ys,xs4,ys4,xs5,ys5,xs6,ys6)
plt.text(0.31,ball_trajectory(0.3)/2,'A',fontsize = 16)
plt.text((0.3 + 2)/2,0.05,'B',fontsize = 16)
plt.show()
```

结果如图 1-3 所示。

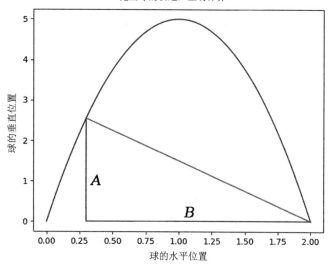

图 1-3 假想球的抛出轨迹，其中线段表示外场手看球的视线线段，
线段 A 和 B 表示计算正切值所用的边

线段 A 的长度除以线段 B 的长度，等于正切值。高度 A 的公式为 $10x-5x^2$，长度 B 的公式为 $2-x$，因此球在飞行过程中任意时刻的夹角正切值可由下式描述：

$$\tan(\theta) = \frac{10x - 5x^2}{2 - x} = 5x$$

总体情况是复杂的：球被打到很远的地方，以抛物线形式迅速飞出去，而这个抛物线的终点很难立即估算。然而在这个复杂的情况下，查普曼发现了一个简单的关系：如果外场手站在正确的位置，theta 的正切值将以一个简单的、恒定的速率增加。查普曼突破的核心是，视线线段与地面的夹角 theta 的正切值，随时间线性增长。查普曼发现了外场手问题中的简单关系，他能够开发一个优雅的算法来解决它。

查普曼的方法基于这样一个事实：如果某个事物——比如这里 theta 的正切值——以恒定的速率增长，那么它的加速度为零。所以如果恰好站在球的正前方，可以观察到夹角的正切值以零加速度增长。相反，如果站得太靠近球的初始位置，则观察到正加速度；如果站得离球的初始位置太远，则观察到负加速度。也就是说，外场手在望着球上升的时候,通过感觉如何稳定地向后仰头,就可以知道应该往哪儿走——所以说,用脖子"思考"。

应用查普曼算法

机器人不一定有脖子,所以"用脖子'思考'"的方法对机器人外场手可能不起作用。记住,机器人可以直接并立即解二次方程,以确定到哪里接球,不用管 theta 正切值的加速度问题。但对于人类来说,查普曼的方法非常有用。为了找到球的最终目的地,人类外场手可以遵循这个相对简单的过程:

1. 观察地面与看球视线之间的夹角的正切值的加速度。

2. 如果加速度是正的,后退一步。

3. 如果加速度是负的,前进一步。

4. 重复步骤 1~3,直到球正对着你的脸。

5. 抓住它。

对于查普曼的五步法,有一个强烈的反对意见,即外场手似乎必须立刻计算夹角的正切值,也就是说我们正在用"内在几何学家理论"取代"内在物理学家理论",在"内在几何学家理论"中,棒球运动员可以立即下意识地计算正切值。

一种解决方案是,对很多夹角来说,tan(theta)近似等于 theta,所以外场手只需要观察夹角的加速度,而不是正切值的加速度。如果可以通过脖子向后仰时脖子关节所感受到的加速度来估计夹角的加速度,假设夹角是正切的合理近似值,那么,我们不需要假定外场手具备任何伟大的潜意识数学或几何能力——只需要具备能精确适应微妙的感官输入的身体技能即可。

这样,估计加速度成了唯一的难点,外场手问题的这个潜在解决方案,比内在物理学家理论的基于潜意识推断抛物线,从心理上说更加合理。当然,这种心理上的吸引力不止对人类有效。可以遵循查普曼五步法给机器人外场手编程,这样,它的接球能力甚至可以更优秀,因为,查普曼程序的使用者能够对风或反弹造成的变化做出动态响应。

除了心理上的合理性，查普曼五步法还暗示了一个重要特性：它不依赖于解 x 策略或任何显式方程。相反，它指出简单、微小、渐进的步骤的连续迭代，进而实现定义良好的目标。换句话说，我们基于查普曼理论进行推导的过程是一个算法。

用算法解决问题

前面提到，算法（algorithm）这个词出自伟大的花剌子密(al-Khwarizmi)。它不太好定义，而且随着时间的推移人们所接受的算法定义也在不断改变。简单地说，算法就是能够产生定义良好的结果的一组指令。这是一个广义的定义；正如我们在引言中看到的，税务表格和芭菲食谱都可以被认为是算法。

查普曼的接球过程，或者称为查普曼算法，比芭菲食谱更像算法，因为它有一个循环结构，在这个循环结构中重复执行小步骤，直至达到一个确定的条件。你将在本书中看到，这是一种常见的算法结构。

查普曼提出了一个解决外场手问题的算法方案，因为解 x 方法是不合理的（外场手通常不知道相关方程式）。一般来说，当解 x 策略无效时，算法最有用。有时候我们不知道正确的方程是什么，更常见的情况是不存在能够完整描述当前情况的方程，无法用方程解决，或者面临时间或空间的限制。算法存在于可能性边界，每当一个算法被创造或改进时，效率和知识的边界就往前推进了一步。

如今一种普遍的观点认为，算法是困难的、深奥的、神秘的、严格的，需要多年的学习才能理解。按照今天的教育体系结构，我们早早就开始教孩子们解 x 方法，而只在大学或研究生阶段明确教授算法。很多学生要花好几年的时间才能掌握解 x 方法，这个过程对他们来说是非自然的。有过这种经历的人会以为算法同样也是非自然的，而且因为更"高级"所以应该更加难以理解。

但是，从查普曼算法中得到的教训是，我们完全搞反了。课间休息期间，学生们学习并完善数十种算法，包括接、扔、踢、跑、动……当然，还有很多无法完全解释清楚的更复杂算法，这些复杂算法控制着课间休息的社交运作，包括交谈、追求地位、闲聊、成立联盟和友谊培养。当课间休息结束开始上数学课的时候，我们把学生从对算法世界的探索里拽出来，强迫他们学习解 x 这样的非自然、机械的过程，它不是人类发展的自然组成，甚至不是解决问题最有力的方法。只有当学生们学习高等数学和计算机科学时，他们才会回到算法的自然世界，回到他们在课间不知不觉、愉快学习的强大过程当中。

本书旨在为好奇的人们提供一个知识的休憩室——对年轻的学生来说，这种休息是：所有重要活动的开始、所有苦差事的结束，以及和朋友们愉快探索的延续。如果你对算法还有任何恐惧，告诉自己我们人类天生就是算法型的，如果你会接球或做蛋糕，那就能掌握算法。

接下来，我们将探讨许多不同的算法。有的算法对列表进行排序或计算数字，有的能够实现自然语言处理和人工智能。我鼓励你们记住，算法不是从树上长出来的。每一个算法，在它成为主流、写入书本之前，都是由像查普曼那样的人发现或创造出来的：有一天早上醒来的时候世上还不存在查普曼算法，当天晚上入睡以后世界上就有了这个算法。我鼓励你试着代入这些英勇发现者的心态。换句话说，我鼓励大家不仅把算法当作一种工具来使用，同时把它看作一个已经解决的棘手问题。算法的世界还没有完全被勾勒出来——许多算法还有待发现和完善，我真诚地希望你能成为这个探索过程的一员。

小结

本章我们看到了解决问题的两种方法：分析式方法和算法式方法。通过用两种方法解决外场手问题，探讨了这两种方法的区别，最终得到了查普曼算法。查普曼找到了复杂情形下的简单模式（$\tan(\theta)$的恒定加速度），基于这个简单模式设计一个迭代、循环过程，只需要一个简单输入（仰脖子的加速度感受），就能得到一个明确的目标（接住球）。当你在工作当中探索如何开发和使用算法时，可以试着效仿查普曼。

在下一章，我们将介绍一些历史上的算法例子。这些例子将加深你对算法的理解，包括算法是什么以及它们是如何工作的。你可以把所学到的每一个新算法都添加到算法"工具箱"，以便最终能够在设计和完善自己的算法时使用。

2

算法简史

大多数人把算法和计算机联系在一起。这并非不合理；计算机操作系统使用许多复杂的算法，而编程非常适合精确地实现各种算法。我们在计算机上实现算法，但算法比计算机体系结构更加基础。正如在第 1 章中提到的，**算法**这个词可以追溯到大约一千年前，而在更早以前的远古记录中也描述过算法。除了文字记录，还有大量证据表明远古世界使用了复杂的算法，比如在施工方法上面。

本章介绍远古起源的几种算法。这些算法展现出了极大的独创性和洞察力，尤其考虑到它们的发明和验证只能在没有计算机帮助的情况下完成。我们首先讨论俄罗斯农夫乘法，这是一种算术方法，尽管它叫这个名字，但也可能是埃及人，或者与农夫没什么关系。接着我们介绍欧几里得算法，这是一个重要的"经典"算法，用来寻找最大公约数。最后介绍一种来自日本的生成幻方的算法。

俄罗斯农夫乘法（RPM）

很多人都说背乘法表是他们教育经历中特别痛苦的一件事。问父母为什么要背乘法表，父母通常会说不背就不会做乘法。他们大错特错。俄罗斯农夫乘法（Russian peasant Multiplication，RPM）就是在不了解大部分乘法表的情况下进行大数相乘的方法。

RPM 的起源尚不清楚。一份名为《莱因德纸草书》的古埃及卷轴记载了该算法的一个版本，一些历史学家提出（几乎没有说服力的）猜想，推测这种算法是如何从古埃及学者传播到辽阔的俄罗斯农夫那里的。不论历史细节如何，RPM 都是一种有趣的算法。

手工实现 RPM

例如计算 89 乘以 18。俄罗斯农夫乘法的过程如下。首先，创建两个相邻的列。第一列称为半列（halving），第一项是 89。第二列是倍列（doubling），第一项是 18（表 2-1）。

表 2-1　半/倍表　第一部分

半　列	倍　列
89	18

先填半列。半列的每一行是前一项的值除以 2，余数忽略不计。例如，89 除以 2 等于 44 余 1，所以把 44 写在半列的第二行（表 2-2）。

表 2-2　半/倍表　第二部分

半　列	倍　列
89	18
44	

不断除以 2，每次都去掉余数，把结果写在下一行，直到最后得到 1。接着，44 除以 2 是 22，然后 22 的一半是 11，然后再一半（去掉余数）是 5，之后得到 2，最后是 1。将这些值写在半列的表格项中，得到表 2-3。

表 2-3　半/倍表　第三部分

半　列	倍　列
89	18
44	
22	
11	
5	
2	
1	

半列填完了。顾名思义，倍列的每一行是前一项的值乘以 2。18 乘以 2 等于 36，因此倍列的第二行是 36（表 2-4）。

表 2-4　半/倍表　第四部分

半　列	倍　列
89	18
44	36
22	
11	
5	
2	
1	

按照同样的规则继续向倍列填值：前一项乘以 2。直到倍列与半列行数相同为止（表 2-5）。

表 2-5　半/倍表　第五部分

半　列	倍　列
89	18
44	36
22	72

2　算法简史

续表

半　列	倍　列
11	144
5	288
2	576
1	1152

下一步，将半列值是偶数的整行删掉，结果得到表 2-6。

表 2-6　半/倍表　第六部分

半　列	倍　列
89	18
11	144
5	288
1	1152

最后，将倍列的所有项相加，结果是 1602。可以用计算器检查一下：89 乘以 18 也等于 1602。我们通过减半、翻倍和加法完成了乘法运算，而这些运算都不需要背诵乘法表。

为了理解为什么这种方法行得通，试着将倍列改写为 18 的倍数（表 2-7）。

表 2-7　半/倍表　第七部分

半　列	倍　列
89	18×1
44	18×2
22	18×4
11	18×8
5	18×16
2	18×32
1	18×64

现在，倍列中有 1、2、4、8……直到 64，这些都是 2 的幂数，因此可以把它们

写成 2^0、2^1、2^2 等。最终求和（即将半列值为奇数的行的倍列值相加）的时候，我们得到的是：

$$18 \times 2^0 + 18 \times 2^3 + 18 \times 2^4 + 18 \times 2^6 = 18 \times (2^0 + 2^3 + 2^4 + 2^6) = 18 \times 89$$

RPM 之所以有效取决于

$$(2^0 + 2^3 + 2^4 + 2^6) = 89$$

仔细观察半列，就能理解为什么以上等式是正确的。我们把半列也写成 2 的幂（表 2-8）。从最后一行开始，自下而上排列更容易。记住，2^0 是 1，2^1 是 2。每一行都乘以 2^1，其中半列值是奇数的行，还要加上 2^0。可以看到这个表达式越来越像上面的等式。到第一行，我们得到了一个表达式，简化后刚好就是 $2^6+2^4+2^3+2^0$。

表 2-8　半/倍表 第八部分

半　列	倍　列
$(2^5 + 2^3 + 2^2) \times 2^1 + 2^0 = 2^6 + 2^4 + 2^3 + 2^0$	18×2^0
$(2^4 + 2^2 + 2^1) \times 2^1 = 2^5 + 2^3 + 2^2$	18×2^1
$(2^3 + 2^1 + 2^0) \times 2^1 = 2^4 + 2^2 + 2^1$	18×2^2
$(2^2 + 2^0) \times 2^1 + 2^0 = 2^3 + 2^1 + 2^0$	18×2^3
$2^1 \times 2^1 + 2^0 = 2^2 + 2^0$	18×2^4
$2^0 \times 2^1 = 2^1$	18×2^5
2^0	18×2^6

将半列的行号设置为第一行是 0，最后一行是 6，可以看到半列值为奇数的行号是 0、3、4、6。现在，请注意这个关键模式：这些行号恰好是 89 的表达式中的指数。这不是巧合；我们构造半列的方式意味着这个 2 的幂之和表达式中的指数，恰好总是奇数值的行号。把这些行对应的倍列值相加，其实就是 18 乘以 2 的幂之和，这个幂之和刚好等于 89。

RPM 有效的原因在于，它实际上是算法的算法。半列本身是一种算法实现，即寻找与第一个数相等的 2 的幂之和。2 的幂之和也称 89 的二进制展开（binary expansion）。二进制是只用 0 和 1 表示数字的一种方法，近几十年来它变得极其重要，因为计算机以二进制存储信息。我们可以把 89 写成二进制，即 1011001，在第 0、3、

4、6（从右开始数）位上都有 1，这和半列值为奇数的行号一样，也和前面等式的指数一样。我们可以将二进制中的 1 和 0 解释为 2 的幂之和的系数。举个例子，二进制的 100 解释为

$$1 \times 2^2 + 0 \times 2^1 + 0 \times 2^0$$

也就是 4。再比如，二进制的 1001 解释为

$$1 \times 2^3 + 0 \times 2^2 + 0 \times 2^1 + 1 \times 2^0$$

也就是 9。运行这个小算法可得到 89 的二进制展开值，然后我们就可以轻松地运行整个算法来完成乘法过程。

用 Python 实现 RPM

用 Python 实现 RPM 比较简单。假设我们要把两个数 n_1 和 n_2 相乘，首先，打开一个 Python 脚本，定义以下变量：

```
n1 = 89
n2 = 18
```

接下来，开始处理半列。如上所述，半列的第一个值是其中一个乘数：

```
halving = [n1]
```

下一项是 `halving[0]/2`，去掉余数。在 Python 中，使用 `math.floor()` 函数实现。这个函数返回小于给定数字的最大整数。例如，半列的第二项计算如下：

```
import math
print(math.floor(halving[0]/2))
```

在 Python 运行后，结果是 44。

以同样的方式对半列的每一行进行迭代，直至得到 1 结束：

```
while(min(halving) > 1):
    halving.append(math.floor(min(halving)/2))
```

使用 `append()` 方法将结果拼接起来。while 循环的每次迭代，是将上一个值的

1/2 附加到 halving 向量，使用 math.floor()函数忽略余数。

同样，对于倍列：从 18 开始，然后循环。这个循环的每次迭代，是将上一个值乘以 2 后添加到倍列，当倍列的长度与半列的长度相等时停止：

```
doubling = [n2]
while(len(doubling) < len(halving)):
    doubling.append(max(doubling) * 2)
```

最后，将两个列放在一个名为 half_double 的数据框中：

```
import pandas as pd
half_double = pd.DataFrame(zip(halving,doubling))
```

这里我们导入了 Python 模块 pandas。这个模块用来处理表很方便。在本例中，我们使用了 zip 命令，顾名思义，该命令将 having 和 doubling 链接起来，就像拉链将衣服的两边连接在一起一样。这两组数字（having 和 doubling）一开始是独立的列表（list），打包后转换为一个 pandas 数据框，然后作为两个对齐列被存储在表 2-5 那样的表中。由于对齐并打包在一起，所以引用任意一行将返回完整的行，包括半列和倍列的元素，比如表 2-5 的第三行，是 22 和 72。对这些行进行引用和处理，删掉不想要的行，将表 2-5 转换为表 2-6。

现在，我们需要删除半列值是偶数的行。使用 Python 的%（取模）运算符测试奇偶性，返回除法的余数。如果数字 x 是奇数，那么 x%2 等于 1。执行下面这行代码，则只保留半列值是奇数的行：

```
half_double = half_double.loc[half_double[0]%2 == 1,:]
```

这里使用 pandas 模块的 loc 函数选择想要的行。使用 loc 时，在它后面的方括号中指定我们想要选择的行和列。在方括号内按顺序指定行和列，用逗号分隔，格式是[行, 列]。例如，如果想要索引为 4 的行、索引为 1 的列，可以写为 half_double.loc[4,1]。这个例子使用了一个逻辑表达式：半列值是奇数的所有行。用 half_double[0]指定半列，半列的索引为 0；用%2 == 1 指定奇数；在逗号之后使用冒号指定所有列，这是得到所有列的一种快捷方式。

最后，对剩下的倍列进行简单加和：

```
answer = sum(half_double.loc[:,1])
```

这里我们又用到了 `loc`。在方括号内使用冒号指定所有行，逗号后面指定索引为 1 的倍列。注意，如果计算 18 × 89——即把 18 放在半列、89 放在倍列，可以更快更容易地完成。我鼓励你去尝试一下，看看有什么提升。一般来说，如果将较小的乘数放在半列、较大的乘数放在倍列，RPM 运行更快。

对于那些已经记住了乘法表的人来说，RPM 似乎毫无意义。但是除了它的历史魅力，RPM 还有几个值得学习的原因。首先，RPM 表明，即使是像乘法这样枯燥的事情，也可以通过多种方法来实现，而且是创造性方法。为了某个事情学会一种算法并不意味着它就是唯一的或最好的算法——对新的、潜在的更好的方法要敞开心扉。

RPM 可能比较慢，但是它不需要消耗太多内存，因为它不要求掌握乘法表的大部分知识。有时候为了降低内存需求而牺牲一点速度是非常有用的，很多情况下我们设计和实现算法的时候，这种速度和内存的权衡是一个重要的考虑因素。

正如很多最佳算法那样，RPM 还体现了两种截然不同的理念之间的关系。二进制扩展看起来好像不过是猎奇，只有晶体管工程师感兴趣，对外行人或者专业程序员都没什么用处。但是，RPM 展示了数字的二进制展开与一种便捷的乘法方法之间的深层联系，这个乘法方法只需要最低限度的乘法表知识。这便是你需要不断学习的另一个原因：你永远不知道什么时候一些看似无用的事实可能会成为强大算法的基础。

欧几里得算法

古希腊人给了人类许多礼物。其中最伟大的礼物是理论几何学，这是伟大的欧几里得在他的《几何原本》（Elements）中严格编制的，这部著作最初由 13 本书构成。欧几里得的大部分数学著作都是定理和证明风格，即简单假设经过逻辑推导得到命题。他的一些作品是构造性的（constructive），即提供了一种使用简单工具绘制或创建有用图形的方法，比如具有特定面积的正方形或者曲线的切线。虽然当时还没有创造出算法这个词，但欧几里得的构造方法就是算法，他的算法背后的一些思想直到今天仍然让人受用。

手工实现欧几里得算法

欧几里得最著名的算法俗称欧几里得算法（Euclid's algorithm），尽管这只是他写过的诸多算法之一。欧几里得算法是求两个数的最大公约数的一种方法。它简单而优雅，只需几行 Python 代码就可以实现。

我们从两个自然数开始，可称其为 a 和 b。假设 a 大于 b（如果不大于，就把 a 重命名为 b，b 重命名为 a，则 a 就是大数了）。a/b 得到一个整数商和一个整数余数。令商为 q_1，余数为 c，可以这样写

$$a = q_1 \times b + c$$

例如，假设 $a = 105$，$b = 33$，105/33 商为 3，余数为 6。注意余数 c 总是比 a 和 b 都小——从余数的定义可知。下一步我们不管 a，只关注 b 和 c。跟刚才一样，比方说 b 比 c 大，然后求出 b/c 的商和余数。假设 $b/c = q_2$，余数为 d，我们可以将结果写成：

$$b = q_2 \times c + d$$

同样，d 比 b 和 c 都小，因为它是余数。观察这两个方程，你会发现一个模式：这个过程按照字母表的顺序进行，每次移一个项到左边。从 a、b、c 开始，然后 b、c、d。可以看到下一步还会沿续这个模式，c/d 得到商 q_3 和余数 e。

$$c = q_3 \times d + e$$

按照字母表的顺序继续，直到余数等于 0。记住余数总小于除数和被除数，所以 c 比 a、b 小，d 比 b、c 小，e 比 c、d 小，以此类推。也就是说每一次处理的整数越来越小，所以最终一定得到 0。当余数为 0 时，停止这个过程，最后的非零余数就是最大公约数。例如，如果 e 等于 0，那么 d 就是 a、b 的最大公约数。

用 Python 实现欧几里得算法

用 Python 很容易实现这个算法，见清单 2-1。

```
def gcd(x,y):
    larger = max(x,y)
```

```
    smaller = min(x,y)

    remainder = larger % smaller

    if(remainder == 0):
        return(smaller)

    if(remainder != 0):
❶       return(gcd(smaller,remainder))
```

清单 2-1：用递归实现欧几里得算法

　　首先要注意的是，我们不需要商 q_1、q_2、q_3 等，而只需要余数，即字母表上连续的字母。在 Python 中求余数很简单，即使用上一节提到的%操作符。我们可以写一个函数，将任意两个数相除后取余数。如果余数为 0，那么最大公约数就是这两个输入中较小的那个数。如果余数不为 0，则将输入中较小的那个数，以及余数，再次作为这个函数的输入。

　　注意，如果余数不为 0，函数就调用它自己❶。函数调用自身的行为称为递归（recursion）。递归乍一看可能令人生畏或困惑；自己调用自己的函数看起来似乎是自相矛盾的，就像一条蛇能吃掉自己，或像一个人试图靠自己的力量飞起来。但是不要害怕。如果你不熟悉递归，最好的方法是从一个具体的例子开始，比如求 105 和 33 的最大公约数，然后像计算机一样按照代码的步骤来。可以看到，递归只是用一种简洁的方式表达了第 21 页"手工实现欧几里得算法"的过程。总是存在无限递归的危险——即函数自己调用自己，然后在它调用自己的时候，又调用了自己，函数无法终止，无休止地不断调用自己，而我们需要程序终止才能返回最终答案。这个例子是安全的，因为每一步的余数越来越小，最终减小至 0，即退出函数。

　　欧几里得算法简洁、美好、实用。我鼓励大家用 Python 创建一个更加简洁的实现。

日本幻方

　　日本数学史也很引人入胜。在 1914 年出版的《日本数学史》（A History of Japanese Mathematics）一书中，历史学家戴维·尤金·史密斯（David Eugene Smith）

和三上义夫（Yoshio Mikamami）写到，日本数学在历史上一直拥有"付出无限努力的天赋"和"解开成千上万细小绳结的独创性"。一方面，数学揭示了不因时代和文化而异的绝对真理。另一方面，即使在数学这样严肃的领域，不同群体倾向于关注的问题类型和他们处理问题的独特方法，更不用说符号和交流的差别，带来了显著的文化差异。

用 Python 创建洛书幻方

日本数学家喜欢几何学，很多古代手稿上有提出并解决了求奇异形状的面积这类问题，比如椭圆和日式手扇的内切圆（Inscribed circle）。几个世纪以来，日本数学家关注的另一个稳定领域是幻方的研究。

幻方（magic square）是由唯一的、连续自然数组成的数组，其中所有行、列和两个主对角线上的和都相等。幻方可以是任意规模。表2-9所示的是一个3×3的幻方。

表 2-9　洛书幻方

4	9	2
3	5	7
8	1	6

这个幻方的每一行、每一列和两条主对角线之和都是 15。这不是一个随机的例子，这是著名的洛书幻方（Luo Shu square）。根据古老的中国传说，这个幻方最早被刻在一只神奇的乌龟背上，为了回应受苦受难的人们的祈祷和牺牲，这只乌龟从河里爬了出来。除了每行、列和对角之和等于 15 这个模式，还有一些其他的模式。例如，外面一圈数字奇偶交替出现，连续数字 4、5 和 6 出现在主对角线上。

这个简单而迷人的幻方作为神的馈赠突然出现，很适合用来研究算法。算法通常很容易验证和使用，但从头开始设计却很困难。当我们有幸发明一种算法，尤其是优雅的算法时，似乎是有所启示的，它就像刻在神奇乌龟背上的神的礼物一样突然出现。不信的话，你试试从头创建一个 11×11 幻方，或者试着找到一个生成新幻方的通用算法。

显然，关于幻方的知识早在 1673 年就从中国传到了日本，当时一位名叫三野信（Sanenobu）的数学家在日本发表了一个 20×20 幻方。我们可以用下面的命令在 Python 中创建洛书幻方：

```
luoshu = [[4,9,2],[3,5,7],[8,1,6]]
```

用一个函数来验证一个给定矩阵是不是幻方是很方便的。以下函数验证所有行、列和对角线的和，并检查它们是否相同，从而验证是不是幻方：

```
def verifysquare(square):
    sums = []
    rowsums = [sum(square[i]) for i in range(0,len(square))]
    sums.append(rowsums)
    colsums = [sum([row[i] for row in square]) for i in range(0,len(square))]
    sums.append(colsums)
    maindiag = sum([square[i][i] for i in range(0,len(square))])
    sums.append([maindiag])
    antidiag = sum([square[i][len(square) - 1 - i] for i in \
range(0,len(square))])
    sums.append([antidiag])
    flattened = [j for i in sums for j in i]
    return(len(list(set(flattened))) == 1)
```

用 Python 实现 Kurushima 算法

前面几节我们讨论了如何"手工"执行算法，然后提供了代码实现的细节。对于 Kurushima 算法，我们将在简要概述步骤的同时介绍代码。这样调整是因为这个算法相对复杂，尤其是算法实现所需的代码太长。

Kurushima 算法是生成幻方最优雅的算法之一，是以江户时代的 Kurushima Yoshita 的名字命名的。Kurushima 算法只适用于奇数阶幻方，即任意 $n \times n$ 幻方，其中 n 是奇数。首先，以洛书幻方的方式填充幻方的中心。特别地，中间的五个格子由下列表达式给出，其中 n 表示幻方的阶数（表 2-10）。

表 2-10 Kurushima 幻方的中心

n	n^2	
	$(n^2+1)/2$	n^2+1-n
	1	

生成 $n \times n$ 幻方（n 为奇数）的 Kurushima 算法可以简单描述为：

1. 按照表 2-10 填写中间的 5 个格子。

2. 从任意已知的格子出发，遵循下面三个规则的其中之一（接下来即将描述）来确定相邻未知格子的值。

3. 重复步骤 2，直到填满所有格子。

填充中间格子

现在我们开始创建幻方。首先创建一个空矩阵。比如创建一个 7×7 的矩阵，定义 n 等于 7，然后创建一个 n 行 n 列的矩阵：

```
n = 7
square = [[float('nan') for i in range(0,n)] for j in range(0,n)]
```

这个时候，我们不知道幻方里是什么数字，所以我们用 `float('nan')` 填充所有格子。这里 nan 代表非数值（not a number），在 Python 中，在我们不知道使用哪个数字之前使用 nan 填充，相当于占位符。运行 `print(square)`，会发现这个矩阵默认全为 nan：

```
[[nan, nan, nan, nan, nan, nan, nan], [nan, nan, nan, nan, nan, nan, nan], [nan, nan, nan, nan, nan, nan, nan], [nan, nan, nan, nan, nan, nan, nan], [nan, nan, nan, nan, nan, nan, nan], [nan, nan, nan, nan, nan, nan, nan], [nan, nan, nan, nan, nan, nan, nan]]
```

这个矩阵不太好看，因为它是在 Python 控制台中输出的，那么我们可以编写一个函数，以更加可读的方式打印矩阵：

```
def printsquare(square):
    labels = ['['+str(x)+']' for x in range(0,len(square))]
    format_row = "{:>6}" * (len(labels) + 1)
    print(format_row.format("", *labels))
```

```
for label, row in zip(labels, square):
    print(format_row.format(label, *row))
```

不必在意 printsquare() 函数的细节,它只是为了打印效果好,不是我们算法的一部分。用简单的命令填充中间的 5 个格子。首先,中心位置的索引为:

```
import math
center_i = math.floor(n/2)
center_j = math.floor(n/2)
```

中间的 5 个格子按以下表达式分别填充值:

```
square[center_i][center_j] = int((n**2 +1)/2)
square[center_i + 1][center_j] = 1
square[center_i - 1][center_j] = n**2
square[center_i][center_j + 1] = n**2 + 1 - n
square[center_i][center_j - 1] = n
```

指定三个规则

Kurushima 算法的目的是根据简单的规则填充剩余的 nan 项。我们可以指定三个简单的规则,不管幻方多大都能够填充剩余的每一项。第一个规则如图 2-1 所示。

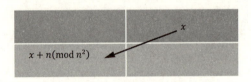

图 2-1 Kurushima 算法的规则 1

对幻方中的任意 x,处于其对角线关系的格子(如图 2-1 所示)等于 x 加上 n,然后对 n^2 取模(mod 是取模运算)。当然,我们也可以反方向操作:减去 n,然后对 n^2 取模。

第二个规则更简单,如图 2-2 所示。

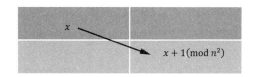

图 2-2　Kurushima 算法的规则 2

对幻方中的任意 x，其右下方的格子等于 $x+1$，再对 n^2 取模。这是一个简单的规则，但它有一个重要例外：当我们从幻方的左上半部穿越到右下半部时，不遵循这个规则。另一种说法是，当我们跨越幻方的反对角线（图 2-3 所示的从左下到右上的线）时，不遵循第二个规则。

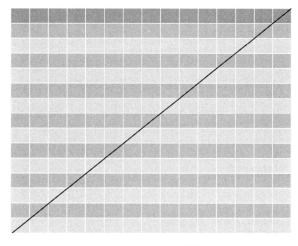

图 2-3　幻方的反对角线

观察反对角线上的格子，反对角线完全穿过这些格子，遵循正常的两个规则。只有从完全位于反对角线之上的格子穿越到完全位于反对角线之下的格子时，我们才需要例外的第三条规则，反之亦然。最后一个规则如图 2-4 所示，跨越反对角线的两个交叉格子需要遵循该规则。

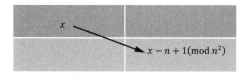

图 2-4　Kurushima 算法的规则 3

在跨越反对角线时要遵循这个规则。如果从右下穿越到左上，就遵循这个规则的逆，即 x 变换成 $x + n - 1$，再对 n^2 取模。

我们可以用 Python 简单实现规则 1，定义一个函数，以 x 和 n 为参数，返回 $(x+n)\%n^{**}2$：

```
def rule1(x,n):
    return((x + n)%n**2)
```

试试洛书幻方的中间格子。记住，洛书幻方是 3×3 矩阵，所以 $n = 3$。洛书幻方的中间格子是 5。它左下方的格子是 8，如果 `rule1()` 函数正确，那么运行代码即可得到 8：

```
print(rule1(5,3))
```

应该在 Python 控制台看到 8。`rule1()` 函数似乎按预期工作。不过，我们可以改良这个函数，允许它"反向"，能够确定给定格子的左下以及右上格子的值（即不仅可以从 5 到 8，还可以从 8 到 5）。为此，我们向该函数添加一个参数。我们称新参数为 `upright`，它是一个 `True/False` 指示器，表明我们是否寻找 x 的右上方。如果不是，默认寻找 x 的左下方：

```
def rule1(x,n,upright):
    return((x + ((-1)**upright) * n)%n**2)
```

在数学表达式中，Python 将 `True` 解释为 1，`False` 解释为 0。如果 `upright` 是 `False`，函数将返回与之前相同的值，因为 $(-1)^0$ 等于 1。如果 `upright` 是 `True`，那么它将减去 n，而不是加 n，以便向相反方向移动。我们来看看它是否能确定洛书幻方中 1 的右上方：

```
print(rule1(1,3,True))
```

应该得到 7，这是洛书幻方的正确值。

对于规则 2，创建一个类似的函数。与规则 1 一样，规则 2 的函数以 x 和 n 作为参数。不过，规则 2 默认寻找 x 的右下方。添加 `upleft` 参数，如果反向操作则 `upleft` 为 `True`。最终规则如下：

```
def rule2(x,n,upleft):
    return((x + ((-1)**upleft))%n**2)
```

在洛书幻方上进行测试,不过洛书幻方只有两对适用于规则 2 的格子。对于规则 2 的例外情况,编写以下函数:

```
def rule3(x,n,upleft):
    return((x + ((-1)**upleft * (-n + 1)))%n**2)
```

这个规则只在跨越反对角线时才需要遵守。我们稍后会看到如何确定是否跨越反对角线。

现在我们知道了如何填满 5 个中间格子,基于这些中间格子我们继续填充剩下的格子。

填充剩余的格子

填充剩余格子的一种方法是随机"行走",基于已知项填充未知项。首先,确定中心项的索引:

```
center_i = math.floor(n/2)
center_j = math.floor(n/2)
```

然后,随机选择一个方向"行走",如下:

```
import random
entry_i = center_i
entry_j = center_j
where_we_can_go = ['up_left','up_right','down_left','down_right']
where_to_go = random.choice(where_we_can_go)
```

这里,我们使用了 Python 的 random.choice()函数,从列表中进行随机选择。从指定集合(where_we_can_go)中获取一个元素,但这个选择是随机的(或尽可能接近随机)。

决定了行走方向之后,就可以遵循与行走方向相对应的规则。如果选择 down_left 或 up_right,则遵循规则 1,参数选择及索引如下:

```
if(where_to_go == 'up_right'):
    new_entry_i = entry_i - 1
    new_entry_j = entry_j + 1
    square[new_entry_i][new_entry_j] = rule1(square[entry_i][entry_j],n,True)

if(where_to_go == 'down_left'):
    new_entry_i = entry_i + 1
    new_entry_j = entry_j - 1
    square[new_entry_i][new_entry_j] = rule1(square[entry_i][entry_j],n,False)
```

同理，如果选择 up_left 或 down_right，则遵循规则 2：

```
if(where_to_go == 'up_left'):
    new_entry_i = entry_i - 1
    new_entry_j = entry_j - 1
    square[new_entry_i][new_entry_j] = rule2(square[entry_i][entry_j],n,True)

if(where_to_go == 'down_right'):
    new_entry_i = entry_i + 1
    new_entry_j = entry_j + 1
    square[new_entry_i][new_entry_j] = rule2(square[entry_i][entry_j],n,False)
```

这段代码用于向左上和右下移动，但只有在没有跨越反对角线的情况下，我们才遵循它。务必确保跨越反对角线的情况下遵循规则 3。判断格子是否在反对角线附近，有一个简单的方法：反对角线正上方格子的位置索引之和等于 n-2，反对角线正下方格子的位置索引之和等于 n。这些例外情况需要我们实现规则 3：

```
if(where_to_go == 'up_left' and (entry_i + entry_j) == (n)):
    new_entry_i = entry_i - 1
    new_entry_j = entry_j - 1
    square[new_entry_i][new_entry_j] = rule3(square[entry_i][entry_j],n,True)

if(where_to_go == 'down_right' and (entry_i + entry_j) == (n-2)):
    new_entry_i = entry_i + 1
    new_entry_j = entry_j + 1
    square[new_entry_i][new_entry_j] = rule3(square[entry_i][entry_j],n,False)
```

记住幻方是有限的，所以我们不能从最上面的行或最左边的列向上或向左移动。

创建一个基于当前位置的可移动位置列表，加入一些简单的逻辑，确保只在允许的方向行走：

```
where_we_can_go = []

if(entry_i < (n - 1) and entry_j < (n - 1)):
    where_we_can_go.append('down_right')

if(entry_i < (n - 1) and entry_j > 0):
    where_we_can_go.append('down_left')

if(entry_i > 0 and entry_j < (n - 1)):
    where_we_can_go.append('up_right')

if(entry_i > 0 and entry_j > 0):
    where_we_can_go.append('up_left')
```

我们拥有了实现 Kurushima 算法所需的所有 Python 代码元素。

综合起来

将所有东西放入一个函数，该函数输入一个含 nan 的初始幻方，然后基于三个规则进行遍历填充。清单 2-2 列出了整个函数。

```
mport random
def fillsquare(square,entry_i,entry_j,howfull):
    while(sum(math.isnan(i) for row in square for i in row) > howfull):
        where_we_can_go = []
        
        if(entry_i < (n - 1) and entry_j < (n - 1)):
            where_we_can_go.append('down_right')
        if(entry_i < (n - 1) and entry_j > 0):
            where_we_can_go.append('down_left')
        if(entry_i > 0 and entry_j < (n - 1)):
            where_we_can_go.append('up_right')
        if(entry_i > 0 and entry_j > 0):
            where_we_can_go.append('up_left')
        
        where_to_go = random.choice(where_we_can_go)
        if(where_to_go == 'up_right'):
```

```
            new_entry_i = entry_i - 1
            new_entry_j = entry_j + 1
            square[new_entry_i][new_entry_j] = rule1(square[entry_i][entry_j],n,True)

        if(where_to_go == 'down_left'):
            new_entry_i = entry_i + 1
            new_entry_j = entry_j - 1
            square[new_entry_i][new_entry_j] = rule1(square[entry_i][entry_j],n,False)

        if(where_to_go == 'up_left' and (entry_i + entry_j) != (n)):
            new_entry_i = entry_i - 1
            new_entry_j = entry_j - 1
            square[new_entry_i][new_entry_j] = rule2(square[entry_i][entry_j],n,True)

        if(where_to_go == 'down_right' and (entry_i + entry_j) != (n-2)):
            new_entry_i = entry_i + 1
            new_entry_j = entry_j + 1
            square[new_entry_i][new_entry_j] = rule2(square[entry_i][entry_j],n,False)

        if(where_to_go == 'up_left' and (entry_i + entry_j) == (n)):
            new_entry_i = entry_i - 1
            new_entry_j = entry_j - 1
            square[new_entry_i][new_entry_j] = rule3(square[entry_i][entry_j],n,True)

        if(where_to_go == 'down_right' and (entry_i + entry_j) == (n-2)):
            new_entry_i = entry_i + 1
            new_entry_j = entry_j + 1
            square[new_entry_i][new_entry_j] = rule3(square[entry_i][entry_j],n,False)

❶      entry_i = new_entry_i
        entry_j = new_entry_j

    return(square)
```

清单 2-2：实现 Kurushima 算法的函数

这个函数有四个参数：第一个参数是含 nan 的初始幻方，第二和第三个参数是起点格子的位置索引，第四个参数是想要填满多少个格子（即我们愿意容忍的 nan 项个数）。该函数由一个 while 循环组成，该循环遵循三条规则之一，在每次迭代时将一个数字写入幻方的某个格子。循环执行，直至达到第四个参数指定的 nan 项数量为止。填充完某个格子之后，改变索引❶"行走"到指定格子，然后再重复操作。

现在有了这个函数，接下来就是用正确的方法调用它。

正确使用参数

我们从中间项开始填充幻方。对于 howfull 参数，我们指定$(n**2)/2-4$。稍后看到结果，就能理解这个 howfull 参数了：

```
entry_i = math.floor(n/2)
entry_j = math.floor(n/2)

square = fillsquare(square,entry_i,entry_j,(n**2)/2 - 4)
```

在本例中，使用前面已经定义过的 square 变量调用 fillsquare() 函数。记住，除了中间 5 个元素，其他元素全部定义为 nan。以这个 square 作为输入，运行 fillsquare() 函数之后，填充许多剩余项。打印结果，看看它是什么样的：

```
printsquare(square)
```

结果如下：

	[0]	[1]	[2]	[3]	[4]	[5]	[6]
[0]	22	nan	16	nan	10	nan	4
[1]	nan	23	nan	17	nan	11	nan
[2]	30	nan	24	49	18	nan	12
[3]	nan	31	7	25	43	19	nan
[4]	38	nan	32	1	26	nan	20
[5]	nan	39	nan	33	nan	27	nan
[6]	46	nan	40	nan	34	nan	28

看到了吧？nan 像棋盘一样交替出现。这是因为，对角线移动的规则只能遍历一半的格子，具体取决于我们从哪个格子开始。有效的移动方式同西洋跳棋：棋子从黑格开始，沿对角线移动到其他黑格，但是对角线移动模式不允许它移动到任何一个白格。如果从中间格子开始，这些 nan 是无法访问的。我们将 howfull 参数指定为$(n**2)/2 - 4$，而不是 0，因为我们知道仅调用一次函数无法将矩阵完全填满。但是，

如果从中间格子的一个相邻格子重新开始，就能访问"棋盘"剩下的 nan。再次调用 fillsquare() 函数，这次换个格子开始，并将第四个参数指定为零，以完全填充幻方：

```
entry_i = math.floor(n/2) + 1
entry_j = math.floor(n/2)

square = fillsquare(square,entry_i,entry_j,0)
```

现在打印幻方，可以看到它是完全填充的：

```
>>> printsquare(square)
      [0]  [1]  [2]  [3]  [4]  [5]  [6]
 [0]   22   47   16   41   10   35    4
 [1]    5   23   48   17   42   11   29
 [2]   30    6   24    0   18   36   12
 [3]   13   31    7   25   43   19   37
 [4]   38   14   32    1   26   44   20
 [5]   21   39    8   33    2   27   45
 [6]   46   15   40    9   34    3   28
```

还有最后一个变动。由于%运算符的规则，幻方里的数值是 0 到 48 之间的连续整数，而 Kurushima 算法是用 1 到 49 之间的整数填充幻方。添加一行代码，将幻方中的 0 替换为 49：

```
square=[[n**2 if x == 0 else x for x in row] for row in square]
```

现在我们的幻方就完成了。使用前面创建的 verifsquare() 函数来验证它的确是一个幻方：

```
verifysquare(square)
```

结果应该返回 True，说明我们成功了。

我们刚刚依据 Kurushima 算法创建了一个 7×7 幻方。来测试一下代码，看看能否创建一个更大的幻方。把 *n* 变成 11 或任意其他奇数，运行同样的代码，得到任意规模的幻方：

```
n = 11
square=[[float('nan') for i in range(0,n)] for j in range(0,n)]


center_i = math.floor(n/2)
center_j = math.floor(n/2)

square[center_i][center_j] = int((n**2 + 1)/2)
square[center_i + 1][center_j] = 1
square[center_i - 1][center_j] = n**2
square[center_i][center_j + 1] = n**2 + 1 - n
square[center_i][center_j - 1] = n


entry_i = center_i
entry_j = center_j

square = fillsquare(square,entry_i,entry_j,(n**2)/2 - 4)

entry_i = math.floor(n/2) + 1
entry_j = math.floor(n/2)

square = fillsquare(square,entry_i,entry_j,0)

square = [[n**2 if x == 0 else x for x in row] for row in square]
```

得到 11×11 幻方如下：

```
>>> printsquare(square)
```

	[0]	[1]	[2]	[3]	[4]	[5]	[6]	[7]	[8]	[9]	[10]
[0]	56	117	46	107	36	97	26	87	16	77	6
[1]	7	57	118	47	108	37	98	27	88	17	67
[2]	68	8	58	119	48	109	38	99	28	78	18
[3]	19	69	9	59	120	49	110	39	89	29	79
[4]	80	20	70	10	60	121	50	100	40	90	30
[5]	31	81	21	71	11	61	111	51	101	41	91
[6]	92	32	82	22	72	1	62	112	52	102	42
[7]	43	93	33	83	12	73	2	63	113	53	103
[8]	104	44	94	23	84	13	74	3	64	114	54
[9]	55	105	34	95	24	85	14	75	4	65	115

```
[10]   116   45   106   35   96   25   86   15   76   5   66
```

我们可以手动或使用 verifsquare() 函数验证它确实是一个幻方。对任意奇数 n 均成立。

幻方没有太多的实际意义，但是观察它的模式还是很有趣的。如果感兴趣，可以花点时间考虑以下问题：

- 更大的幻方是否遵循洛书幻方那样的外圈数字奇偶交替的模式？你觉得所有幻方都遵循这个模式吗？如果是，是什么原因导致了这种模式？
- 在我们创建的幻方中，还能找到其他尚未提到的模式吗？
- 你能找到另一套创建 Kurushima 幻方的规则吗？比方说，是否存在上下移动而不是对角线移动的规则？
- 有没有既满足幻方定义但又完全不遵循 Kurushima 规则的其他类型的幻方？
- 有没有更有效的编程方法来实现 Kurushima 算法？

数个世纪以来，幻方一直吸引着日本数学家们的注意，在世界各地的文化中也占有重要地位。过去伟大的数学家们为我们提供了生成和分析幻方的算法，如今在强大的计算机上很容易实现这些算法，我们为此感到庆幸。同时还要钦佩他们的耐心和洞察力，因为那时候他们只用笔、纸和他们的智慧（还有偶然出现的神奇乌龟）来研究幻方。

小结

这一章我们讨论了一些历史算法。对历史算法感兴趣的读者可以找到更多可以研究的东西。这些算法在今天可能没有太大的实用价值，但值得研究——首先因为它们的历史感，其次有助于开阔我们的视野，而且能为我们编写自己的创新算法提供灵感。

下一章的算法能够利用数学函数完成一些常用和有用的任务，即最大化和最小化。我们已经讨论了算法的概念和历史，现在你应该熟悉了什么是算法以及它是如何工作的，并且准备好深入研究一些目前已经成熟的、应用在最先进软件上的重要算法。

3

最大化和最小化

在算法世界,我们通常对极高和极低更感兴趣。一些强大的算法能够得到最大值(例如,最高收入、最大利润、最高效率和最大生产力)和最小值(例如,最低成本、最小误差、最低限度的不适和最少损失)。本章介绍梯度上升和梯度下降,这两种简单有效的方法能够高效地获得函数的最大值和最小值。我们还会讨论最大化和最小化随之而来的一些问题,以及如何处理这些问题。最后讨论怎样知道某个特定算法是否适用于给定场景。我们从一个假设场景开始——试着确定最优税率以最大化收入——然后将看到如何使用算法找到正确的解决方案。

设定税率

想象一下你被选举为一个小国的首相。你有雄心勃勃的目标,但觉得预算不够。所以上任后的第一件事就是最大限度地增加政府税收。

应该选择什么样的税率才能使税收最大化?答案并非显而易见。如果税率是0%,

那么税收将为零。如果是 100%，纳税人很可能不愿从事生产性活动，而且竭尽所能去避税，导致税收还是非常接近零。优化税收需要在过高和过低的税率之间找到平衡，过高阻碍生产性活动，过低导致税收太少。为了达到这一平衡，需要更多地了解税率与税收之间的关系。

正确步骤

假设你和经济学家团队讨论这个问题。他们明白你的意思，然后回到研究室，在那里他们使用世界各地顶级经济学家都在用的工具——大多是试管、在轮子上奔跑的仓鼠、星盘和探测仪——来确定税率和税收之间的精确关系。

经过一段时间的隔离实验，这个团队告诉你，他们已经得到了一个将税率与税收关联起来的函数，并且他们很乐意用 Python 帮你编程。这个函数看起来像这样：

```
import math
def revenue(tax):
    return(100 * (math.log(tax+1) - (tax - 0.2)**2 + 0.04))
```

这个 Python 函数以 `tax` 作为参数，返回一个数值类型。函数本身存储在 `revenue` 变量中。启动 Python，在控制台中输入以下内容，得到这条曲线的简单图形。就像在第 1 章那样，我们使用 `matplotlib` 模块进行绘图。

```
import matplotlib.pyplot as plt
xs = [x/1000 for x in range(1001)]
ys = [revenue(x) for x in xs]
plt.plot(xs,ys)
plt.title('Tax Rates and Revenue')
plt.xlabel('Tax Rate')
plt.ylabel('Revenue')
plt.show()
```

这个图展示了经济学家团队针对 0 到 1 之间不同税率（1 代表 100%的税率）下的预期收入（以你的国家的货币计，单位：十亿）。如果你的国家目前对所有收入统一征收 70%的税，我们可以添加两行代码来绘制曲线上的点：

```
import matplotlib.pyplot as plt
xs = [x/1000 for x in range(1001)]
ys = [revenue(x) for x in xs]
plt.plot(xs,ys)
current_rate = 0.7
plt.plot(current_rate,revenue(current_rate),'ro')
plt.title('Tax Rates and Revenue')
plt.xlabel('Tax Rate')
plt.ylabel('Revenue')
plt.show()
```

最后结果如图 3-1 所示。

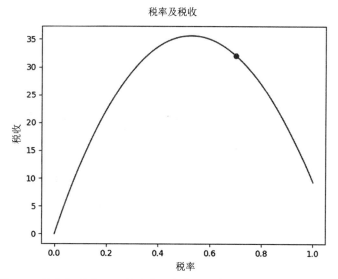

图 3-1 税率和税收之间的关系，其中的点表示你的国家目前的情况

根据经济学家的公式，你的国家目前的税率并不能最大化政府税收。简单目测这个图，大致就能看出最大税收相对应的税率水平，但是你并不满足于近似值，希望找到更精确的最优税率。从绘制的曲线明显可以看出，如果税率从目前的 70%往上增加，总税收就会减少，而如果从目前的 70%降低一些，总税收就会增加，因此这时，税收最大化需要降低整体税率。

对经济学家的税收公式求导，以从形式上验证是不是这样。导数（derivative）

就是切线的斜率，值越大表示越陡，负值表示下降。见图 3-2：导数就是一种衡量函数增长或收缩速度的方法。

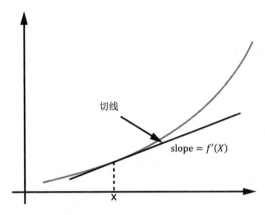

图 3-2　求导数的方法：取点的切线，然后求斜率

在 Python 中创建一个求导函数，如下：

```
def revenue_derivative(tax):
    return(100 * (1/(tax + 1) - 2 * (tax - 0.2)))
```

这个函数推导用到了四个微积分法则。第一个法则是 $\log(x)$ 的导数是 $1/x$，所以 $\log(\text{tax} + 1)$ 的导数是 $1/(\text{tax} + 1)$。第二个法则是 x^2 的导数是 $2x$，所以 $(\text{tax} - 0.2)^2$ 的导数是 $2(\text{tax} - 0.2)$。另外两条规则是，常数的导数总是 0，以及 $100f(x)$ 的导数是 $f(x)$ 的导数乘以 100。综合这些规则，你会发现我们的税收函数，$100(\log(\text{tax} + 1) - (\text{tax} - 0.2)^2 + 0.04)$ 的导数等于，即 Python 函数所给出的：

$$100\left(\left(\frac{1}{\text{tax} + 1}\right) - 2(\text{tax} - 0.2)\right)$$

经检查，在当前税率下，其导数确实是负的：

```
print(revenue_derivative(0.7))
```

输出结果为 –41.17647。

导数为负意味着税率增加会导致税收减少。同理，税率降低会导致税收增加。

虽然我们还不知道曲线的最大值对应的准确税率，但至少可以肯定，如果沿着降低税率的方向迈出一小步，税收应该会增加。

为了向最大税收迈进，我们首先应该指定步长。在 Python 中用变量存储一个非常小的步长，如下：

```
step_size = 0.001
```

接下来，我们朝着最大化的方向迈出一步，即当前税率在最大化方向上前进一个步长单位：

```
current_rate = current_rate + step_size * revenue_derivative(current_rate)
```

这个过程是，从当前税率开始，向最大值迈进一步，这一步的大小与我们选择的 `step_size` 成正比，其方向由当前税率下税收函数的导数决定。

我们可以验证走完这一步，新的 `current_rate` 是 0.6588235（约等于 66%），这个新税率对应的收入是 33.55896。虽然已经朝最大化前进了一步，也增加了税收，但我们发现本质上面临着同样的情况：它仍然不是最大值，但我们知道函数的导数，以及要走的大致方向。所以再走一步，跟以前一样，不过现在变量值是新税率。又有：

```
current_rate = current_rate + step_size * revenue_derivative(current_rate)
```

再次运行，我们发现新的 `current_rate` 是 0.6273425，新税率对应的收入是 34.43267。我们在正确的方向上又前进了一步。但是仍然没有达到最高收入税率，我们必须进一步往前走。

将迈步变成算法

可以看到有模式出现。我们正在重复执行这些步骤：

1. 从 `current_rate` 和 `step_size` 开始。
2. 对要最大化的函数，计算它在 `current_rate` 下的导数。

3　最大化和最小化

3. 当前税率加上 step_size * revenue_derivative(current_rate)，得到一个新的 current_rate。

4. 重复步骤 2 和 3。

唯一缺少的是停止规则，即当我们达到最大值时触发的规则。在实践中，我们很可能以渐近的方式接近最大值：越来越接近，但在微观上始终保持距离。所以，虽然最大值可能永远达不到，但是我们可以接近到小数点后 3 位、4 位或者 20 位。若税率的改变量非常小，我们就知道足够接近渐近线。在 Python 中指定一个阈值来表示：

```
threshold = 0.0001
```

我们的计划是，每次迭代过程中如果税率变化小于这个值，则停止流程。这个渐近过程可能永远无法收敛到我们想要的最大值，所以如果我们建立一个循环，会陷入无限循环。为此，我们指定一个"最大迭代次数"，如果迭代步数等于这个最大次数，则简单地放弃并退出循环。

现在，我们将所有这些步骤放在一起（清单 3-1）。

```
threshold = 0.0001
maximum_iterations = 100000

keep_going = True
iterations = 0
while(keep_going):
    rate_change = step_size * revenue_derivative(current_rate)
    current_rate = current_rate + rate_change
    
    if(abs(rate_change) < threshold):
        keep_going = False
    
    if(iterations >= maximum_iterations):
        keep_going = False
    
    iterations = iterations+1
```

清单 3-1：实现梯度上升

运行代码，得到收入最大化的税率约为 0.528。清单 3-1 所实现的过程被称为梯度上升（gradient ascent）。这么命名是因为它爬升到极大值，并通过求斜率的方式来决定移动方向。（在这个二维平面的例子中，简单地说梯度就是导数。）

列出完整的步骤，包括终止条件：

1. 从 current_rate 和 step_size 开始。

2. 对要最大化的函数，计算它在 current_rate 下的导数。

3. 当前税率加上 step_size * revenue_derivative(current_rate)，得到一个新的 current_rate。

4. 重复步骤 2 和步骤 3，直到非常接近最大值，即当前税率的改变量小于一个非常小的阈值，或者达到足够大的迭代次数。

这个过程写出来只有四个简单步骤。虽然梯度上升看起来不起眼，概念很简单，但和前面章节描述的算法一样，它也是一种算法。不过，与大多数算法不同的是，如今梯度上升算法已被普遍使用，而且是专业人士日常用到的很多高级机器学习方法中的关键部分。

梯度上升存在的问题

我们刚刚用梯度上升得到了假想政府的最大税收。很多学过梯度上升的人在实践上都有反对意见。以下是人们提出的关于梯度上升的一些争论：

- 没有必要，因为我们可以目测找到最大值。
- 没有必要，因为我们可以重复猜测，边猜边检查，从而找到最大值。
- 没有必要，因为我们可以求解一阶条件。

让我们依次考查这些反对意见。前面我们讨论过目测检查。对于税收曲线，很容易通过目测得到最大值的近似位置。但是目测不能保证高精度。更重要的是，曲线非常简单：它是绘制在二维平面上的，而且在我们感兴趣的范围内显然只有一个最大值。倘若想象一下更复杂的函数，你就会明白为什么目测不是一个令人满意的求函数最大值的方法了。

例如，考虑一个多维的情况。如果经济学家得出的结论是，税收不仅取决于税率，还与关税税率有关，那么我们就必须在三维空间中绘制曲线，如果这是一个复杂的函数，很难看出最大值在哪里。如果经济学家创建了一个函数，将 10 个、20 个甚至 100 个预测变量与预期税收联系起来，考虑到宇宙、眼睛和大脑的局限性，我们不可能同时画出所有变量。如果连税收曲线都画不出来，就不存在用目测法找到最大值。目测法对于税收曲线这样的简单例子有效，但对于高度复杂的多维问题则无效。而且，绘制曲线本身需要计算每个点的函数值，因此它总是比编写优秀的算法更费时间。

看上去梯度上升让问题复杂化了，似乎猜测和检查策略足以找到最大值。猜测-检查法是这样的：猜测一个可能的最大值，然后检查它是否大于前面猜测的候选最大值，直到我们确信已经找到最大值为止。对于这个方法可能的意见是，和目测法一样，对于高复杂性的多维函数，猜测-检查法在实践中可能很难成功实现。但是，对于猜测-检查法寻找最大值的想法最好的回应是，这正是梯度上升已经在做的事情。梯度上升其实就是一种猜测和检查策略，不过它是沿着梯度方向来"引导"猜测，而不是随机猜测。梯度上升是一种更有效的猜测和检查。

最后，考虑求解一阶条件寻找极大值。世界各地的微积分课上都教过这种方法。它可以称为一个算法，其步骤是：

1. 求要最大化的函数的导数。

2. 令导数为零。

3. 求导数为零的点。

4. 确保这个点是极大值而不是极小值。

（多维情况下使用梯度而不是导数，执行类似的过程。）

这个优化算法就其本身而言没有问题，但是很难或不可能找到一个导数等于零（第 2 步）的封闭解，而且要找到这个解可能比简单执行梯度上升更加困难。除此之外，它可能需要大量的计算资源，包括空间、处理能力或时间，而且并不是所有软件都具有符号代数能力。从这个意义上说，梯度上升算法比这个算法更具有健壮性。

局部极值问题

每个试图寻找最大值或最小值的算法都面临着一个非常严重的潜在问题,即局部极值问题(局部极大值和极小值)。我们可以完美地执行梯度上升,但要意识到我们最终到达的峰值只是一个"局部"峰值——它比周围的每个点都高,但没有某个遥远的全局最大值高。现实生活中也会出现这种情况:你试图攀登一座山,到了一个山顶,你比周围所有人都高,但你意识到自己不过是在山麓上,而真正的山顶其实更远、更高。矛盾的是,你需要向下走一点才能最终到达顶峰,而梯度上升的"朴素"策略总是进入附近稍高一些的点,因此无法达到全局最大值。

教育和终身收入

局部极值是梯度上升非常严重的一个问题。考虑这样一个例子,选择最优的教育水平从而最大化终身收入。这里我们假设终身收入与受教育年限之间的关系符合以下公式:

```
import math
def income(edu_yrs):
    return(math.sin((edu_yrs - 10.6) * (2 * math.pi/4)) + (edu_yrs - 11)/2)
```

其中,变量 edu_yrs 表示一个人受教育的年限,income 表示终身收入。我们可以画出这条曲线,其中点表示一个受过 12.5 年正式教育的人——即高中毕业(12 年正式教育)加上半年学士学位课程:

```
import matplotlib.pyplot as plt
xs = [11 + x/100 for x in list(range(901))]
ys = [income(x) for x in xs]
plt.plot(xs,ys)
current_edu = 12.5
plt.plot(current_edu,income(current_edu),'ro')
plt.title('Education and Income')
plt.xlabel('Years of Education')
plt.ylabel('Lifetime Income')
plt.show()
```

得到了图 3-3 中的曲线。

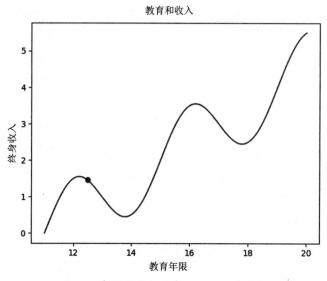

图 3-3　正式教育与终身收入之间的关系

这个图，以及生成该图的收入函数，都不是基于实证研究的，仅仅用作说明性的、纯粹假设的例子。它直观显示了教育和收入之间的关系。对于没有高中毕业（接受正规教育不足 12 年）的人来说，终身收入可能较低。高中毕业——即 12 年正规教育——是一个重要的里程碑，比辍学的收入高。换句话说，这是一个极大值，重要的是，它只是一个局部极大值。只接受了几个月大学教育的人不太可能比高中毕业的工作好，反而由于多上了几个月的学，他们错过了在这几个月里赚钱的机会，因此，他们的终身收入实际上比那些高中毕业后直接进入并一直处于劳动力市场的人的要低。

只有经过几年的大学教育获得了技能，他们的终身收入才会比高中毕业生的多。然后，大学毕业生（受教育 16 年）的收入峰值比高中的局部峰值要高。这又是一个局部极值。获得学士学位后再接受一点教育，和高中毕业后再接受一点教育的情况是一样的：你不能立即获得足够的技能来补偿没去赚钱的时间。最终，在获得研究生学位后情况发生逆转，再一次达到高峰。再往后很难推测，不过这种对教育和收入的简单认识足以满足我们的目的。

沿着教育维度爬坡——正确方式

考虑这个受教育 12.5 年的人，按照前面描述的步骤执行梯度上升。清单 3-2 是在清单 3-1 梯度上升代码基础上的略微改版。

```
def income_derivative(edu_yrs):
    return(math.cos((edu_yrs - 10.6) * (2 * math.pi/4)) + 1/2)

threshold = 0.0001
maximum_iterations = 100000

current_education = 12.5
step_size = 0.001

keep_going = True
iterations = 0
while(keep_going):
    education_change = step_size * income_derivative(current_education)
    current_education = current_education + education_change
    if(abs(education_change) < threshold):
        keep_going = False
    if(iterations >= maximum_iterations):
        keep_going=False
    iterations = iterations + 1
```

清单 3-2：沿着个人收入维度而不是税收维度爬坡实现梯度上升

清单 3-2 的梯度上升算法，与我们前面实现的税收最大化过程完全相同。唯一的区别是我们所处理的曲线不同。税收曲线有一个全局最大值，同时也是唯一的局部极大值。相比之下，教育/收入曲线要复杂得多：它有一个全局最大值，还有几个小于全局最大值的局部极大值（局部峰值）。对教育/收入曲线求导（清单 3-2 第一行），初始值不同（12.5 年的教育年限而不是 70% 的税率），变量名称不同（current_education 而不是 current_rate）。但这些差异都是表面的；从根本上讲，我们所做的是同样的事情：朝着梯度最大的方向小步迈进，直至到达一个适当的停止点。

从这个梯度上升过程可知，这个人接受的教育过多了，而事实上收入最大化的教育年数大约是 12 年。如果我们过于天真，太相信梯度上升算法，可能就会建议大学新生辍学，立即投入劳动力市场，在这个局部极值上实现收入最大化。过去一些大学生得出这样的结论，是因为他们看到高中毕业的朋友们挣的钱多，而他们还在为一个不确定的未来努力。这显然是不对的：梯度上升过程找到了一个局部峰值，但不是全局最大值。令人沮丧的是，梯度上升过程只能找到局部解：只能爬升它所处的山，无法为了最终到达另一座更高的山而暂时向下走几步。现实生活中也有类似的情况，比如有些人没有完成大学学位，因为这妨碍他们在短期内挣钱。他们没有考虑到，如果越过一个局部极大值去攀登另一座山（即下一个更有价值的学位），他们的长期收入将会更高。

局部极值问题是一个严重的问题，没有一劳永逸的解决办法。解决这个问题的一种方法是尝试多个初始猜测，然后对每个猜测执行梯度上升。例如，如果对 12.5 年、15.5 年和 18.5 年的受教育年限分别进行梯度上升，每次得到不同的结果，对比这些结果，可以发现全局最大值实际上来自教育年限的最大化（至少拿这个例子来说）。

这是处理局部极值问题的一种合理方法，但是可能需要花费很长时间去执行足够多的梯度上升才能获得正确的最大值，而且即便尝试了数百次也不能保证一定能得到正确答案。显然，避免局部极值问题更好的办法是，在过程中引入某种程度的随机性，使我们有时得到局部更差的解，但从长远来看，能让我们达到更优的极大值。因此，梯度上升的改进版随机梯度上升（stochastic gradient ascent）引入了随机性，还有其他算法如模拟退火，同样如此。我们将在第 6 章讨论模拟退火和高级优化相关内容。现在你只要记住，虽然梯度上升是强大的，但它总是会面临局部极值问题。

从最大化到最小化

到目前为止，我们一直在寻求收益最大化：爬一座山，然后往上走。我们有理由质疑，是不是可以下山，往下走然后将某个东西（比如成本或错误）最小化。你或许以为需要一整套全新的技术来实现最小化，或者需要完全颠倒、彻底推翻或者逆向操作我们已有的技术。

实际上，从最大化到最小化是非常简单的。一种方法是对函数进行"翻折"，或者更准确地说，取函数的负数。回到税收曲线的例子，像这样定义一个新的翻折函数：

```
def revenue_flipped(tax):
    return(0 - revenue(tax))
```

然后绘制翻折曲线：

```
import matplotlib.pyplot as plt
xs = [x/1000 for x in range(1001)]
ys = [revenue_flipped(x) for x in xs]
plt.plot(xs,ys)
plt.title('The Tax/Revenue Curve - Flipped')
plt.xlabel('Current Tax Rate')
plt.ylabel('Revenue - Flipped')
plt.show()
```

图 3-4 展示了这个翻折曲线。

所以，要想最大化税收曲线，方法之一就是将翻折的税收曲线最小化。要想最小化翻折的税收曲线，方法之一是最大化翻折的税收曲线——即原始曲线。每个最小化问题都是翻折函数的最大化问题，每个最大化问题都是翻折函数的最小化问题。能处理一个问题，就能处理另一个（翻折后的）问题。与其学习最小化函数，不如学习最大化函数，每次求最小化的时候，最大化翻折函数就可以得到正确答案。

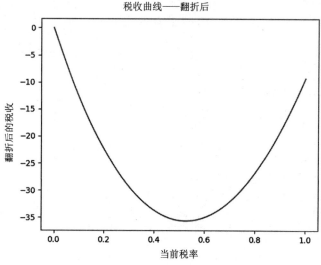

图 3-4　税收曲线的负/"翻折"版本

　　翻折并不是唯一的解决办法。实际上最小化过程与最大化过程非常相似：我们可以使用梯度下降（gradient descent）而不是梯度上升。唯一的区别是每一步的移动方向：在梯度下降中，向下而不是向上走。前面我们为了找到税收曲线的最大值，沿着梯度上升的方向移动。要想最小化，我们沿着相反方向移动。因此，像清单 3-3 那样修改原来的梯度上升代码。

```
threshold = 0.0001
maximum_iterations = 10000

def revenue_derivative_flipped(tax):
    return(0-revenue_derivative(tax))

current_rate = 0.7

keep_going = True
iterations = 0
while(keep_going):
    rate_change = step_size * revenue_derivative_flipped(current_rate)
    current_rate = current_rate - rate_change
    if(abs(rate_change) < threshold):
```

```
        keep_going = False
    if(iterations >= maximum_iterations):
        keep_going = False
    iterations = iterations + 1
```

清单 3-3：实现梯度下降

这里我们仅仅将更新 current_rate 从+改成了−，其他都是一样的。通过这个很小的改变，我们把梯度上升代码转换成了梯度下降代码。从某种程度上说，它们本质上是一样的：基于梯度确定方向，然后沿着这个方向朝着一个明确的目标移动。其实今天我们常说的梯度下降，通常指的是梯度下降略微改版后的梯度上升，与本章这里介绍的不一样。

通用爬山法

被选为首相实属难得，但即使对首相来说，设定税率、最大化政府税收也不是一项日常活动。（像本章开头讨论的税收/收入的现实版，我鼓励你了解一下拉弗曲线（Laffer curve）。）但是，最大化或最小化的想法是非常普遍的。企业通过定价实现利润最大化；制造商试图选择效率最大化、缺陷最小化的实践；工程师试图选择性能最大化或成本最小化的设计特征；经济学在很大程度上是围绕着最大化和最小化问题来构建的：比如最大化效用、最大化金额（比如 GDP 和收入），以及最小化估计误差；机器学习和统计学的大部分方法都依赖于最小化：最小化"损失函数"或误差度量。以上每一种情况，都可以使用梯度上升或下降这样的爬山法（hill-climbing），来获得最佳解决方案。

即使在日常生活中，我们也要确定花多少钱才能最大限度地实现我们的财务目标。我们努力将幸福、快乐、和平和爱最大化，将痛苦、不适和悲伤最小化。

举一个生动的例子，想象一下吃自助餐，我们的目标是吃适量的食物以获得最大的满足。如果吃得太少，饿着肚子走出去，可能会觉得花了那么多钱却只吃了一点点食物，钱花得不值。如果吃得太多，会感到不舒服，甚至生病，或许还违背了自己的节食要求。这里存在一个"最佳点"，就是使满意度最大化的自助餐进食量，就跟税收曲线的峰值一样。

人类可以感知并解释胃部的感官输入，让我们知道是饿还是饱，就好比曲线的梯度。如果太饿，我们按照预先指定的步幅大小，比方说一口，向最佳点迈进一步。如果吃得太饱，我们就停止进食；我们无法"撤回"已经吃掉的东西。如果步幅足够小，就可以确保不会超出最佳点太多。决定自助餐吃多少的过程是一个迭代过程，包括不断地检查方向和在可调整的方向上小迈步——换句话说，本质上它与我们本章学习的梯度上升算法相同。

从自助餐的例子可以看出，像梯度上升这样的算法对于人类的生活和决策是很自然的，就像接球的例子一样。哪怕我们从未上过数学课或从未写过一行代码，也是很自然的。本章的工具只不过让你已有的直觉更加形式化和精确化。

什么时候不要使用算法

学习算法通常使我们充满力量。如果处于需要最大化或最小化的情况下，我们觉得应该立即应用梯度上升或下降，并绝对地信任所得到的任何结果。然而，有时候比掌握算法更重要的是知道什么时候不要使用它，什么时候算法不合适或不足以处理手头上的任务，或者什么时候我们应该尝试更好的方法。

什么时候应该使用梯度上升（下降），而什么时候不应该呢？如果一开始就具备了适当的要素，梯度上升便能够有效地发挥作用：

- 需要最大化的数学函数
- 对目前状况的了解
- 使函数最大化的明确目标
- 改变当前位置的能力

在很多情况下，这些要素有一项或多项缺失。在设置税率的例子中，我们使用了一个将税率与税收关联起来的假设函数。然而，经济学家对这种关系是什么及其函数形式尚未达成共识。因此，我们当然可以随心所欲地执行梯度上升或梯度下降，但是需要最大化的函数没有确定之前，我们不能依赖所得结果。

有些时候我们发现梯度上升不那么有用，无法通过执行梯度上升来优化当前情况。例如，假设推导一个身高与幸福感的等式。这个函数表述的是太高的人因为在飞机上不舒服而感到痛苦，太矮的人因为他们不能在篮球比赛中表现出色而感到痛苦，而太高和太矮中间的某个最佳点趋于幸福感最大化。即便我们可以完美地表达这个函数，并应用梯度上升找到最大值，但这对我们来说也没什么用，因为我们无法控制自己的身高。

即便拥有了梯度上升（或任何其他算法）所需的所有要素，出于更深层次的哲学原因还是希望我们要克制。例如，假设可以准确地知道税收函数，你是首相，对国家税率有完全的控制权。在运用梯度上升算法达到收益最大化的顶峰之前，扪心自问，最大化税收是不是你一开始就应该追求的正确目标。你或许更关心的是自由、经济活力、再分配正义，甚至民调，而不是税收。即使下定决心要最大化税收，短期（即今年）税收最大化是否会带来长期税收最大化，也是不明确的。

算法在实际应用中非常强大，能够帮助我们完成目标，比如接球和确定税收最大化时的税率。虽然算法可以有效地实现目标，但并不适合决策最初值得追求什么目标这样的哲学任务。算法可以让我们变得聪明（clever），但不能让我们变得明智（wise）。记住，如果算法用在错误的地方，那么算法的强大力量是无用甚至有害的。

小结

这一章介绍了梯度上升和梯度下降这样简单而强大的算法，分别用于寻找函数的最大值和最小值。我们还讨论了潜在而严重的局部极值问题，以及关于何时使用算法、何时优雅地避免使用算法的一些哲学考虑。

抓紧，下一章我们讨论各种搜索和排序算法。搜索和排序是基础又重要的算法。此外，我们还会讨论"大O"符号，以及评估算法性能的标准方法。

4

排序和搜索

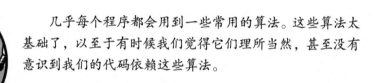

几乎每个程序都会用到一些常用的算法。这些算法太基础了,以至于有时候我们觉得它们理所当然,甚至没有意识到我们的代码依赖这些算法。

其中,有几种用于排序和搜索的方法。它们值得学习,因为经常用到,而且深受算法爱好者(以及代码面试者)的喜爱。这些算法实现短小精悍,但字字珠玑,而且由于其普遍性,计算机科学家们已经努力实现快速分类和搜索。因此,这一章我们还将讨论算法的速度,以及用于比较算法效率的特殊符号。

首先介绍插入排序(insertion sort),这是一种简单直观的排序算法。我们会讨论插入排序的速度和效率,以及如何衡量算法效率。接下来,介绍归并排序(merge sort),它是当前更快的搜索算法。我们还会探索睡眠排序(sleep sort),这是一种奇怪的算法,实践中并不常用,但很有趣。最后,讨论二进制搜索,以及搜索相关的有趣应用,比如数学函数的逆。

插入排序

假设需要对文件柜中的所有文件进行分类。每个文件都有一个编号，需要重新排列文件，使编号最小的文件在柜子的最前面，编号最大的文件在柜子的最后面，中间部分按照文件编号有序排列。

不管采用什么方法整理文件柜，我们都称之为"排序算法"。但是，在打开 Python 编写算法之前，请先暂停，考虑一下现实生活中你是如何整理文件柜的。看上去这是一个枯燥的任务，但请允许你内心的冒险家创造性地考虑一切可能方法。

这一节，我们将介绍一种非常简单的排序，即插入排序（insertion sort）。该方法每趟考查列表中的每一项，将其插入新列表，使得这个新列表是排好序的。算法代码包括两个部分：插入部分，执行将文件插入新列表中的简单任务；排序部分，重复执行插入操作，直到完成排序任务。

插入排序中的插入

首先，考虑插入任务本身。假设有一个文件柜，里面的文件已经是完全有序的。如果有人递给你一个新文件，要求你把它插到文件柜的正确（有序的）位置，该怎么做呢？这个任务看起来太简单，以至于不需要甚至不值得解释（你可能会想：放进去就是了！）。但在算法的世界里，无论多么微不足道，每一项任务都必须完整解释。

下面描述了将一个文件插入有序文件柜的合理算法。我们将需要插入的文件称为"待插入文件"。当比较两个文件时，我们说一个文件比另一个文件"大"，意思是这个文件的编号比另一个文件的编号大，或者在字母顺序或其他顺序上更大。

1. 选择文件柜中最大的文件。（按照从后往前的顺序选择文件。）
2. 将选择的文件与待插入文件进行比较。
3. 如果选择的文件小于待插入文件，则将待插入文件放在该文件的后面。
4. 如果选择的文件大于待插入文件，则继续选择下一个最大的文件。
5. 重复步骤 2 到 4，直到文件被插入，或者与每个已有文件都进行了比较。如果与每个已有文件都比较之后还没有插入,则将文件插到最前面。

以上方法基本符合将一条记录插到有序列表的直觉。只要愿意,也可以从列表的开头(而不是末尾)开始,过程类似,结果相同。注意,我们不仅仅是插入一条记录,而且是在正确的位置插入一条记录,所以在插入之后列表仍然是有序的。可以用 Python 编写一个脚本来执行这个插入算法。首先,定义一个有序的文件柜。在这个例子中,文件柜是一个 Python 列表,而文件就是数字。

```
cabinet = [1,2,3,3,4,6,8,12]
```

其次,定义待插入文件柜的"文件"(这里就是一个数字)。

```
to_insert = 5
```

我们逐一处理列表中的每个数字(即文件柜中的每个文件)。定义一个 check_location 变量。顾名思义,它存储我们想要检查的位置。从柜子的末尾开始:

```
check_location = len(cabinet) - 1
```

再定义一个 insert_location 变量。算法的目标是确定 insert_location 的正确值,然后直接将文件插入 insert_location 位置。首先令 insert_location 为 0:

```
insert_location = 0
```

然后,使用一个简单的 if 语句,检查待插入文件(数字)是否大于 check_location 位置上的文件。一旦遇到一个比待插入数字小的数字,就把新数字插入到该数字所在的位置。加 1 是因为在这个小数字的后一位置执行插入:

```
if to_insert > cabinet[check_location]:
    insert_location = check_location + 1
```

有了正确的 insert_location,就可以使用 Python 内置的 insert 方法进行列表操作,将文件放入文件柜中:

```
cabinet.insert(insert_location,to_insert)
```

但是，运行这行代码还不能正确地插入文件。我们需要把这些步骤一起放到一个连贯的插入函数中。这个函数结合了前面所有的代码，还添加了一个 while 循环。while 循环用于遍历文件柜中的文件，从最后一个文件开始，直至找到正确的 insert_location 或检查完每个文件。插入文件柜的最终代码如清单 4-1 所示。

```python
def insert_cabinet(cabinet,to_insert):
  check_location = len(cabinet) - 1
  insert_location = 0
  while(check_location >= 0):
    if to_insert > cabinet[check_location]:
        insert_location = check_location + 1
        check_location = - 1
    check_location = check_location - 1
  cabinet.insert(insert_location,to_insert)
  return(cabinet)

cabinet = [1,2,3,3,4,6,8,12]
newcabinet = insert_cabinet(cabinet,5)
print(newcabinet)
```

清单 4-1：将一个编号文件插入文件柜

运行清单 4-1 的代码，打印输出 newcabinet，可以看到新"文件"5 被插入到文件柜的正确位置（即 4 和 6 之间）。

有必要考虑一种插入的极端情形：向空列表插入。我们的插入算法提到"按顺序遍历文件柜中的每个文件"。如果文件柜中没有文件，就不存在遍历。这时只需要留意最后一句，即将新文件插入文件柜的开头。当然，这说起来容易做起来难，因为空柜子的开头同时也是它的末尾和中间。因此，在这种情况下，我们只需将文件插入文件柜，不必考虑位置。使用 Python 的 insert() 函数在位置 0 处插入。

通过插入完成排序

现在我们严格定义了插入，也知道如何执行插入，就差不多可以执行插入排序了。插入排序很简单：对一个无序列表，每一趟考查它的一个元素，使用插入算法将它正确地插入一个新的有序列表。用整理文件柜的术语来说，从一个未整理的文件柜开始，称为"旧文件柜"，还有一个空文件柜，称为"新文件柜"。将无序的旧文件柜的第一个元素删掉，使用插入算法将这个元素添加到新的空柜子。接着，对旧文件柜的第二个元素做同样的处理，然后是第三个，以此类推，直到将旧文件柜的每个元素都插入新文件柜。然后，丢掉旧文件柜，只使用这个新的有序的文件柜。使用插入算法进行插入，而且它总是返回一个有序列表，因此我们知道最后新文件柜在整个过程结束的时候是有序的。

在 Python 中，首先定义一个无序的文件柜和一个空的 newcabinet：

```
cabinet = [8,4,6,1,2,5,3,7]
newcabinet = []
```

通过反复调用清单 4-1 的 insert_cabinet() 函数来实现插入排序。调用这个函数需要"手头上"有一个文件，因此我们从无序的文件柜弹出一个元素：

```
to_insert = cabinet.pop(0)
newcabinet = insert_cabinet(newcabinet, to_insert)
```

这段代码使用了 pop() 方法，用于删除列表中指定索引上的元素。在本例中，我们删除了 cabinet 中索引为 0 的元素。使用 pop() 之后，cabinet 不再包含该元素，我们将它存储在 to_insert 变量中，然后再插到 newcabinet 中。

将这些全部放到清单 4-2，定义一个 insertion_sort() 函数，循环遍历无序文件柜的每个元素，将元素逐个插入 newcabinet。最后，将结果打印出来，即有序文件柜 sortedcabinet。

```
cabinet = [8,4,6,1,2,5,3,7]
def insertion_sort(cabinet):
  newcabinet = []
  while len(cabinet) > 0:
    to_insert = cabinet.pop(0)
    newcabinet = insert_cabinet(newcabinet, to_insert)
  return(newcabinet)

sortedcabinet = insertion_sort(cabinet)
print(sortedcabinet)
```

清单 4-2：插入排序的实现

现在完成了插入排序，我们可以对遇到的任何列表进行排序。你或许会想，这是不是意味着已经掌握了排序所需要的全部知识。但是，排序是如此基础和重要，所以我们希望能够以尽可能好的方式来实现。在讨论插入排序的替代方法之前，让我们看看什么叫一个算法比另一个算法好，从更根本的层面上说，好的算法意味着什么。

衡量算法效率

插入排序是一个好算法吗？不搞清楚"好"是什么意思，这个问题很难回答。插入排序是奏效的——对列表进行排序——因此从实现目标的角度来说，它是好算法。第二个优点是易于理解和解释，可以参考大家都熟悉的实践任务进行解释。还有一个优点是不需要太多代码。到目前为止，插入排序似乎是一个很好的算法。

然而，插入排序有一个关键的缺点：需要很长的执行时间。清单 4-2 的代码在计算机上大约不到一秒就能跑完，所以说插入排序的"长时间"，不是从一颗小种子长成参天大树所需要的漫长时间，也不是车管所排队那样的时间，而更像是蚊虫扇动一次翅膀所需要的时间。

就为一只小蚊子扇动翅膀的"长时间"而烦恼，看起来似乎有些极端。但我们还是要争取让算法的运行时间尽可能接近于零秒，理由如下。

为什么追求效率

坚持不懈地追求算法效率的首要原因是，提升原始能力。效率低的算法对一个 8 项元素列表进行排序需要 1 分钟，这似乎不是问题。但是，这个低效率算法对一个 1000 项列表排序可能需要一个小时，对一个百万项列表排序则需要一个星期。对一个 10 亿项列表进行排序可能需要一年甚至一个世纪，或者可能根本无法进行排序。如果我们能让算法更好地对 8 项列表进行排序（看起来微不足道，因为只节省了一分钟），使得对 10 亿项列表排序需要 1 小时而不是 1 个世纪，区别就出现了，带来了许多可能性。像 *k*-means 聚类和 *k*-NN 监督学习这样的高级机器学习方法需要对长列表进行排序，对排序这样的基本算法进行性能改进，使我们能够在大数据集上执行这些方法，否则不能适用于大数据集。

即使是简短列表排序，如果执行很多次，效率也很重要。例如，全世界的搜索引擎每几个月就有一万亿次搜索，在向用户提供搜索结果之前，必须对每组搜索结果按相关度从高到低进行排序。如果能将一次简单排序所需的时间从 1 秒减少到 0.5 秒，就能把所需的处理时间从 1 万亿秒减少到 0.5 万亿秒。这样就为用户节省了时间（5 亿人节省 1000 秒，积少成多！），降低了数据处理成本，而且由于消耗的能源更少，高效的算法是环保的。

让算法更快的最后一个原因是任何事情人们都努力做得更好。哪怕没有显然的必要，人们还是试图百米冲刺跑得更快，下棋下得更好，做比萨也要做得比别人好吃。这就跟乔治·马洛里（George Mallory）说他想爬珠穆朗玛峰是一样的道理："因为它就在那里。"人类的天性就是不断挑战极限，努力变得更好、更快、更强、更聪明。算法研究人员也在努力做得更好，他们希望做一些不寻常的事情，不管有没有实际意义。

准确衡量时间

既然算法运行时间如此重要，我们应该更精确一些，而不是说插入排序用了"很长时间"或"不到一秒"。到底需要多长时间呢？我们可以使用 Python 的 `timeit` 模块得到答案。使用 `timeit` 创建一个计时器，在运行排序代码之前开始计时，排序完成之后结束。计算开始时间和结束时间之差，就是运行代码所花费的时间。

```
from timeit import default_timer as timer

start = timer()
cabinet = [8,4,6,1,2,5,3,7]
sortedcabinet = insertion_sort(cabinet)
end = timer()
print(end - start)
```

在我的个人笔记本电脑上运行这个代码，只花了大约 0.0017 秒。这样我就有理由说插入排序有多好——它可以在 0.0017 秒内对一个 8 项列表进行完全排序。如果想要比较插入排序和其他排序算法，比较 `timeit` 计时看哪个更快，我们便可以说更快的那个算法更好。

但是，利用这个计时来比较算法性能存在一些问题。例如，当我在笔记本电脑上第二次运行计时代码，得到运行时间为 0.0008 秒。在另一台计算机上再一次运行需要 0.03 秒。精确的时间取决于硬件的速度和架构、操作系统（OS）、运行的 Python 版本、操作系统的内部任务调度器、代码的效率，以及混乱的随机变化、电子的运动和月相等。由于每次计时都会得到很不一样的结果，所以很难依靠计时来传达算法的相对效率。某个程序员可能会吹嘘说他可以在 Y 秒内对列表进行排序，而另一个程序员笑着说，他的算法性能更厉害，只需要 Z 秒。完全相同的代码，在不同的硬件上运行时间却不同，所以这比较的不是算法的效率，而是硬件的速度以及运气。

计算步数

比起以秒为单位计时，衡量算法性能更可靠的办法是执行算法所需的步数。算法的步数是算法本身的特性，不依赖于硬件架构，甚至不依赖于编程语言。向清单 4-1 和清单 4-2 添加几行代码，指定 stepcounter+=1，得到清单 4-3 的插入排序代码。每次从旧文件柜取出一个待插入的新文件，每次将该文件与新文件柜的另一个文件进行比较，还有每次将文件插入新文件柜，都会增加步数计数器。

```
def insert_cabinet(cabinet,to_insert):
  check_location = len(cabinet) - 1
  insert_location = 0
  global stepcounter
  while(check_location >= 0):
    stepcounter += 1
    if to_insert > cabinet[check_location]:
        insert_location = check_location + 1
        check_location = - 1
    check_location = check_location - 1
  stepcounter += 1
  cabinet.insert(insert_location,to_insert)
  return(cabinet)

def insertion_sort(cabinet):
  newcabinet = []
  global stepcounter
  while len(cabinet) > 0:
    stepcounter += 1
```

```
    to_insert = cabinet.pop(0)
    newcabinet = insert_cabinet(newcabinet,to_insert)
  return(newcabinet)

cabinet = [8,4,6,1,2,5,3,7]
stepcounter = 0
sortedcabinet = insertion_sort(cabinet)
print(stepcounter)
```

清单 4-3：带步数计数器的插入排序代码

运行这段代码，可以看到为了对长度为 8 的列表完成插入排序，执行了 36 个步骤。试试对其他长度的列表执行插入排序，看看需要多少步。

为此，让我们编写一个函数，计算对不同长度的无序列表执行插入排序所需的步数。使用 Python 的列表推导式生成任意指定长度的随机列表，而不必手动写出每个未排序列表。导入 Python 的 `random` 模块对创建随机列表进行简化。例如，创建一个长度为 10 的随机无序文件柜：

```
import random
size_of_cabinet = 10
cabinet = [int(1000 * random.random()) for i in range(size_of_cabinet)]
```

这个函数很简单，生成一个指定长度的列表，运行插入排序代码，将最终值存储在 `stepcounter` 并返回。

```
def check_steps(size_of_cabinet):
  cabinet = [int(1000 * random.random()) for i in range(size_of_cabinet)]
  global stepcounter
  stepcounter = 0
  sortedcabinet = insertion_sort(cabinet)
  return(stepcounter)
```

创建一个从 1 到 100 的列表,然后检查对各种长度的列表进行排序所需的步数。

```
random.seed(5040)
xs = list(range(1,100))
ys = [check_steps(x) for x in xs]
print(ys)
```

在这段代码中,我们首先调用 random.seed() 函数。这不是必需的,但它可以确保运行的结果与这里打印出来的一样。可以看到,我们定义了一组 x 值存储在 xs 列表,一组 y 值存储在 ys 列表。x 值是 1 到 100 之间的数字,y 值是对每个长度为 x 的随机生成列表进行排序所需的步数。得到的结果是对长度 1,2,3…直到 99 的随机列表进行排序分别需要多少步。可以画出列表长度与排序步数之间的关系。导入 matplotlib.pyplot 进行绘图。

```
import matplotlib.pyplot as plt
plt.plot(xs,ys)
plt.title('Steps Required for Insertion Sort for Random Cabinets')
plt.xlabel('Number of Files in Random Cabinet')
plt.ylabel('Steps Required to Sort Cabinet by Insertion Sort')
plt.show()
```

输出结果如图 4-1 所示。可以看到结果曲线有点锯齿状——有时候长列表比短列表所需的排序步骤更少。因为我们的列表是随机生成的。随机列表生成代码有时会创建一个插入排序处理很快的列表(因为已经是部分有序),有时会创建一个很难快速处理的列表,这都是随机的。因此,如果不采用相同的随机种子,你可能会发现屏幕上的输出与这里打印的输出并不完全一样,但总体形状应该是相同的。

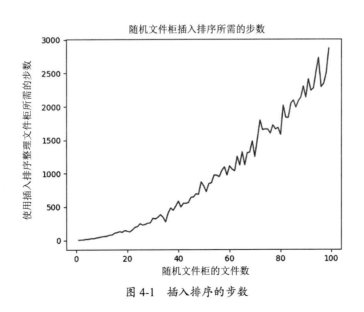

图 4-1　插入排序的步数

4　排序和搜索　63

对比众所周知的函数

对于图 4-1，我们考虑锯齿状外形以外的问题，检查曲线的总体形状，试着推断它的增长率。在 $x = 1$ 和差不多 $x = 10$ 之间，所需步数增长非常缓慢。然后，慢慢变得更陡峭（而且更参差不齐）。在差不多 $x = 90$ 和 $x = 100$ 之间，增长率变得非常陡峭。

随着列表长度增加，曲线逐渐变陡，这个说法仍然不够精确。有时我们把这种加速增长通俗地称为"指数增长"。这个例子是指数增长吗？严格地说，即存在一个指数函数 e^x，其中 e 是欧拉数，约为 2.71828。那么插入排序所需的步数是否符合指数函数，即符合指数增长的狭义定义？我们可以绘制步数曲线以及指数增长曲线，找到答案线索，如下所示。导入 numpy 模块，求最大和最小步数。

```
import math
import numpy as np
random.seed(5040)
xs = list(range(1,100))
ys = [check_steps(x) for x in xs]
ys_exp = [math.exp(x) for x in xs]
plt.plot(xs,ys)
axes = plt.gca()
axes.set_ylim([np.min(ys),np.max(ys) + 140])
plt.plot(xs,ys_exp)
plt.title('Comparing Insertion Sort to the Exponential Function')
plt.xlabel('Number of Files in Random Cabinet')
plt.ylabel('Steps Required to Sort Cabinet')
plt.show()
```

跟前面一样，定义表示 1 和 100 之间的数字，ys 表示对每个长度为 x 的随机生成列表进行排序所需要的步数。再定义一个 ys_exp 变量，存储 xs 中每个值的 e^x。然后在同一个图上绘制 ys 和 ys_exp。从结果可以看到，对列表进行排序所需的步数增长情况与实际指数增长之间的关系。

运行代码得到图 4-2。

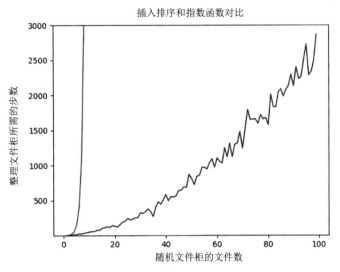

图 4-2 插入排序的步数，以及对比指数函数

可以看到在图的左侧，真正的指数增长曲线向无穷远处急速上升。虽然插入排序的步数曲线以加速度增长，但它的加速度并不接近于真正的指数增长。如果画出其他增长率的指数曲线，2^x 或 10^x，你会发现这些类型的曲线增长速度都比我们的插入排序步数曲线快得多。因此，插入排序步数曲线不符合指数增长，那么它符合哪种增长呢？让我们在同一幅图上再画几个函数。这里，我们将绘制 $y = x$、$y = x^{1.5}$、$y = x^2$、$y = x^3$ 以及插入排序步数曲线。

```
random.seed(5040)
xs = list(range(1,100))
ys = [check_steps(x) for x in xs]
xs_exp = [math.exp(x) for x in xs]
xs_squared = [x**2 for x in xs]
xs_threehalves = [x**1.5 for x in xs]
xs_cubed = [x**3 for x in xs]
plt.plot(xs,ys)
axes = plt.gca()
axes.set_ylim([np.min(ys),np.max(ys) + 140])
plt.plot(xs,xs_exp)
plt.plot(xs,xs)
plt.plot(xs,xs_squared)
```

```
plt.plot(xs,xs_cubed)
plt.plot(xs,xs_threehalves)
plt.title('Comparing Insertion Sort to Other Growth Rates')
plt.xlabel('Number of Files in Random Cabinet')
plt.ylabel('Steps Required to Sort Cabinet')
plt.show()
```

结果如图 4-3 所示。

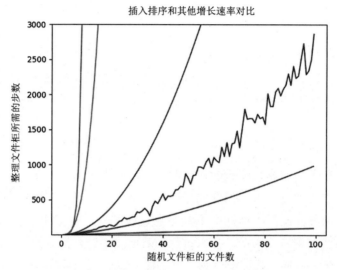

图 4-3　插入排序的步数，以及对比其他增长速率

图 4-3 不仅绘制了插入排序所需步数的锯齿状曲线，还绘制了其他 5 个增长率。可以看到指数曲线增长最快，接着是三次曲线。与其他曲线相比，$y = x$ 曲线增长极其缓慢，可以看到它在图的最下面。

最接近插入排序曲线的是 $y = x^2$ 和 $y = x^{1.5}$，哪个更接近插入排序曲线并不明显，因此我们无法确定插入排序的确切增长率。但通过绘图，我们可以说"对一个 n 项元素列表进行排序，插入排序大概需要 $n^{1.5}$ 到 n^2 个步骤。"比起"像蚊子扇动翅膀一样的时间"或者"今天早上在我的笔记本电脑上运行大约 0.002 秒"，这是一种更精确、更有力的说法。

增加理论精度

为了得到更精确的结果，我们试着仔细推导插入排序所需的步骤。再次假设我们有一个新的无序列表，它有 n 个元素。见表 4-1，我们逐个执行插入排序的每个步骤，并计算步数。

表 4-1　计算插入排序的步数

动作描述	将文件从旧文件柜取出所需的步数	与其他文件比较所需的最大步数	将文件插入新文件柜所需的步数
从旧文件柜取出第 1 个文件，然后将它插入（空的）新文件柜	1	0（没有文件比较）	1
从旧文件柜取出第 2 个文件，然后将它插入新文件柜（现在里面有 1 个文件）	1	1（与 1 个文件进行比较）	1
从旧文件柜取出第 3 个文件，然后将它插入新文件柜（现在里面有 2 个文件）	1	2 或更少（有 2 个文件，最少与其中 1 个比较、最多与全部文件进行比较）	1
从旧文件柜取出第 4 个文件，然后将它插入新文件柜（现在里面有 3 个文件）	1	3 或更少（有 3 个文件，最少与其中 1 个比较、最多与全部文件进行比较）	1
……	……	……	……
从旧文件柜取出第 n 个文件，然后将它插入新文件柜（现在里面有 $n-1$ 个文件）	1	$n-1$ 或更少（有 $n-1$ 个文件，最少与其中 1 个比较、最多与全部文件进行比较）	1

将上表中的所有步骤加起来，得到最大总步数：

- 取文件所需的步数：n（n 个文件，每个文件需要 1 步）

- 比较所需的步数：最大等于 1+2+⋯+(n-1)
- 插入文件所需的步数：n（n 个文件，每个文件需要 1 步）

相加得到这个表达式：

$$\text{maximum\_total\_steps} = n + (1 + 2 + \cdots + n)$$

使用这个恒等式进行简化

$$1 + 2 + \cdots + n = \frac{n \times (n+1)}{2}$$

代入这个恒等式，简化得到所需的总步数是

$$\text{maximum\_total\_steps} = \frac{n^2}{2} + \frac{3n}{2}$$

最终得到了执行插入排序所需的最大总步数的精确表达式。但是，信不信由你，这种表达甚至太过精确，原因如下。首先，这是所需的最大步数，而最小步数和平均步数可能要少得多，我们实际进行列表排序所需的步数几乎总是比它少。还记得图 4-1 中的锯齿状曲线吧——执行一个算法所需要的时间总是不同的，这取决于我们的输入。

第二个原因，这个最大步数表达式太精确了，在 n 很大的时候知道算法的步数才最重要，但如果 n 变得非常大，由于不同函数的增长率差别很大，这个表达式的某一小部分开始占据主导地位。

比如表达式 $n^2 + n$，它是两个项的和：一个 n^2 项和一个 n 项。当 $n = 10$ 时，$n^2 + n = 110$，比 n^2 大 10%。当 $n = 100$，$n^2 + n = 10100$，仅比 n^2 大 1%。随着 n 的增长，表达式中的 n^2 项变得比 n 项更重要，因为二次函数比线性函数增长快得多。因此，如果一种算法执行需要 $n^2 + n$ 步，另一种算法需要 n^2 步，当 n 变得非常大时，它们之间的差异就会越来越小，差不多都是 n^2 步。

使用大 O 符号

若一个算法运行差不多需要 n^2 步，这种表述是精度和简洁（以及随机性）之间的合理平衡。形式上使用大 O 符号（O 是 order 的缩写）表达这种"差不多"关系。我们说一个特定的算法是"n^2 的大 O"或 $O(n^2)$，即，在最坏的情况下，当 n 很大时它运行差不多需要 n^2 步。严格地说，如果存在某个常数 M 使得 $f(x)$ 的绝对值总是小于 M 乘以 $g(x)$，对所有足够大的 x 值成立，那么函数 $f(x)$ 是函数 $g(x)$ 的大 O 函数。

以插入排序为例，考查执行算法所需的最大步数表达式，我们发现它是两个项的和：一个是 n^2，一个是 n。正如刚才讨论的，n 项随着 n 的增长变得越来越不重要，而 n^2 项是我们唯一关心的。插入排序最坏的情况是 $O(n^2)$（"n^2 的大 O"）算法。

追求算法效率就是让算法运行时间的大 O 函数越来越小。如果我们有办法修改插入排序，使它是 $O(n^{1.5})$ 而不是 $O(n^2)$，对于 n 来说运行时间差异非常大，这将是一个重大突破。大 O 符号不仅可以表示时间，还可以表述空间。有些算法通过将大数据集存储在内存以提高速度，运行时间可能是一个小的大 O 函数，而内存需求是一个较大的大 O 函数。根据具体情况不同，通过消耗内存换取速度，或者通过牺牲速度释放内存，都是明智的。这里，我们重点关注速度，并设计出运行时间是尽量小的大 O 函数的算法，而不考虑内存需求。

我们已经学习了插入排序，知道它运行时的性能是 $O(n^2)$，就会很自然地想知道我们可以合理地期待什么样的优化水平。能不能找到一个神圣的算法，不到 10 步就可以对任意列表进行排序？不能。每个排序算法都至少需要 n 步，因为对列表中的 n 个元素需要依次考查各个元素。所以任何排序算法都至少是 $O(n)$。不可能比 $O(n)$ 更好，那能不能比插入排序的 $O(n^2)$ 更好呢？可以。接下来，我们考查一个 $O(n\log(n))$ 的算法，它是对插入排序的一个重要改进。

归并排序

归并排序（merge sort）比插入排序快得多。与插入排序一样，归并排序包含两个部分：一是合并两个列表，二是重复利用合并来完成排序。在考虑排序之前，我们先考虑归并操作本身。

假设有两个文件柜，它们各自是有序的，但从未相互比较过。我们想把两个合并成一个，使整个文件柜完全有序。这称为归并（merge）两个有序文件柜。我们应该如何处理这个问题呢？

同样，在打开 Python 开始编写代码之前，有必要考虑一下实际的文件柜是如何实现的。假设有三个文件柜：即将合并的两个完全有序的文件柜，以及第三个空文件柜，我们最终要把原来两个柜子中的所有文件全部插入这个空柜子。把原来的两个柜子称作"左"柜和"右"柜，想象它们分别放在我们的左右两边。

归并操作

同时从两个文件柜取出各自第一个文件：左手取左柜的第一个文件，右手取右柜的第一个文件。将较小的文件作为第一个文件插入新文件柜。为了确定新柜子的第二个文件，我们再次取出左右柜子的第一个文件，进行比较，然后将较小的文件插入到新柜子的最后位置。当左柜或右柜为空，将非空柜子中剩余的文件全部放到新柜子的末尾。这样，新柜子就包含了左右两个柜子的所有文件，并且是有序的。我们已经成功地合并了原来的两个柜子。

在 Python 中，我们使用变量 `left` 和 `right` 分别表示原来的有序柜子，定义一个列表 `newcabinet`，将它初始化为空列表，最终它将包含 `left` 和 `right` 中的所有元素并且是有序的。

```
newcabinet = []
```

定义 left 和 right 文件柜实例：

```
left = [1,3,4,4,5,7,8,9]
right = [2,4,6,7,8,8,10,12,13,14]
```

为了比较左右两个柜子的第一个元素，我们使用以下 `if` 语句（填充了 `--snip--` 部分再运行代码）：

```
if left[0] > right[0]:
    --snip--
elif left[0] <= right[0]:
    --snip--
```

如果左柜的第一个元素比右柜的第一个元素小，就把左柜的元素取出来，插入

newcabinet，反之亦然。使用 Python 内置的 pop() 函数来实现，填充到 if 语句中，如下：

```
if left[0] > right[0]:
    to_insert = right.pop(0)
    newcabinet.append(to_insert)
elif left[0] <= right[0]:
    to_insert = left.pop(0)
    newcabinet.append(to_insert)
```

只要两个柜子都至少还有一个文件，就要一直执行这个过程：即检查左右两个柜子的第一个元素，弹出合适的元素并将其插入新柜子。所以，我们将这两个 if 语句嵌套在 while 循环中，检查 left 和 right 的最小长度，只要 left 和 right 都至少包含一个文件，就继续执行：

```
while(min(len(left),len(right)) > 0):
    if left[0] > right[0]:
        to_insert = right.pop(0)
        newcabinet.append(to_insert)
    elif left[0] <= right[0]:
        to_insert = left.pop(0)
        newcabinet.append(to_insert)
```

当 left 或 right 中没有文件时，while 循环停止执行。这时，如果 left 为空，我们把 right 中所有文件按当前顺序插入新文件柜的末尾，反之亦然。像这样完成最后的插入：

```
if(len(left) > 0):
    for i in left:
        newcabinet.append(i)

if(len(right) > 0):
    for i in right:
        newcabinet.append(i)
```

最后，将所有这些代码段合并到最终的 Python 归并算法中，如清单 4-4 所示。

```
def merging(left,right):
    newcabinet = []
```

```
        while(min(len(left),len(right)) > 0):
            if left[0] > right[0]:
                to_insert = right.pop(0)
                newcabinet.append(to_insert)
            elif left[0] <= right[0]:
                to_insert = left.pop(0)
                newcabinet.append(to_insert)
        if(len(left) > 0):
            for i in left:
                newcabinet.append(i)
        if(len(right)>0):
            for i in right:
                newcabinet.append(i)
        return(newcabinet)

left = [1,3,4,4,5,7,8,9]
right = [2,4,6,7,8,8,10,12,13,14]

newcab=merging(left,right)
```

清单 4-4：归并两个有序列表的算法

清单 4-4 的代码创建了 `newcab`，这个列表合并了 `left` 和 `right` 的全部元素，并且是有序的。运行 `print(newcab)`，查看归并函数是否正常工作。

从归并到排序

一旦学会了归并，归并排序尽在掌握。首先创建一个简单的归并排序函数，该函数只处理包含两个元素或更少元素的列表。单元素列表本身是有序的，所以如果把它作为输入传递给归并排序函数，应该原样返回。如果将二元素列表传递给归并排序函数，可以将这个列表拆分为两个单元素列表（已经是有序的），然后在两个单元素列表上调用归并函数，即可得到一个最终的、有序的二元素列表。下面的 Python 函数实现了这个功能：

```
import math

def mergesort_two_elements(cabinet):
    newcabinet = []
```

```
    if(len(cabinet) == 1):
        newcabinet = cabinet
    else:
        left = cabinet[:math.floor(len(cabinet)/2)]
        right = cabinet[math.floor(len(cabinet)/2):]
        newcabinet = merging(left,right)
    return(newcabinet)
```

这段代码依赖于 Python 的列表索引语法，将我们想要排序的任意柜子分成左柜和右柜。定义 left 和 right，使用 math.floor(len(cabinet)/2) 和 math.floor(len(cabinet)/2) 分别表示原始柜子的前半部分和后半部分。任意单元素或二元素的柜子都能调用这个函数——例如，mergesort_two_elements([3,1])——结果成功返回一个有序的柜子。

接下来，编写处理四元素列表排序的函数。将这个四元素列表分成两个子列表，每个子列表包含两个元素，就可以按照归并算法来合并列表。但是，我们的归并算法只能合并两个已经有序的列表。而这两个列表可能没有排序，因此我们的归并算法不能成功地对它们排序。但是每个子列表只有两个元素，而刚刚已经编写了一个处理两个双元素列表归并排序的函数。所以，我们可以把四元素列表分成两个子列表，在这两个二元素子列表上调用归并排序函数，然后将两个有序的列表进行归并，得到一个包含四个元素的排序结果。Python 函数实现如下：

```
def mergesort_four_elements(cabinet):
    newcabinet = []
    if(len(cabinet) == 1):
        newcabinet = cabinet
    else:
        left = mergesort_two_elements(cabinet[:math.floor(len(cabinet)/2)])
        right = mergesort_two_elements(cabinet[math.floor(len(cabinet)/2):])
        newcabinet = merging(left,right)
    return(newcabinet)

cabinet = [2,6,4,1]
newcabinet = mergesort_four_elements(cabinet)
```

我们可以继续编写函数来处理更大的列表。突破出现了：我们意识到可以使用递归实现整个过程，如清单 4-5 所示，并将这个函数与刚才的

mergesort_four_elements()函数进行比较。

```
def mergesort(cabinet):
    newcabinet = []
    if(len(cabinet) == 1):
        newcabinet = cabinet
    else:
    ❶ left = mergesort(cabinet[:math.floor(len(cabinet)/2)])
    ❷ right = mergesort(cabinet[math.floor(len(cabinet)/2):])
        newcabinet = merging(left,right)
    return(newcabinet)
```

清单 4-5：使用递归实现归并排序

可以看到，这个函数与 mergesort_four_ elements()函数几乎是一样的。关键区别在于，创建有序的左柜和右柜时，在较小列表上不是调用另一个函数，而是调用它自己❶❷。归并排序是一种分治（divide and conquer）算法。我们从一个大的无序列表开始。然后反复地将列表分割成越来越小的块（"分"），直至得到有序的单元素列表（"治"），然后简单地将它们归并，最终得到一个大的有序列表。我们可以在任意大小的列表上调用这个归并排序函数，检查它是否有效：

```
cabinet = [4,1,3,2,6,3,18,2,9,7,3,1,2.5,-9]
newcabinet = mergesort(cabinet)
print(newcabinet)
```

将所有归并排序的代码放到一起，得到清单 4-6。

```
def merging(left,right):
    newcabinet = []
    while(min(len(left),len(right)) > 0):
        if left[0] > right[0]:
            to_insert = right.pop(0)
            newcabinet.append(to_insert)
        elif left[0] <= right[0]:
            to_insert = left.pop(0)
            newcabinet.append(to_insert)
    if(len(left) > 0):
        for i in left:
            newcabinet.append(i)
```

```
        if(len(right) > 0):
            for i in right:
                newcabinet.append(i)
        return(newcabinet)

import math

def mergesort(cabinet):
    newcabinet = []
    if(len(cabinet) == 1):
        newcabinet=cabinet
    else:
        left = mergesort(cabinet[:math.floor(len(cabinet)/2)])
        right = mergesort(cabinet[math.floor(len(cabinet)/2):])
        newcabinet = merging(left,right)
    return(newcabinet)

cabinet = [4,1,3,2,6,3,18,2,9,7,3,1,2.5,-9]
newcabinet=mergesort(cabinet)
```

清单 4-6：完整的归并排序代码

在归并排序代码中添加一个步数计数器，计算运行排序需要多少步，并将它与插入排序进行比较。归并排序过程如下：依次将初始柜子分解成子列表，然后将子列表归并，保持有序。每次都对半分割列表。一个 n 项列表对半分割，直到每个子列表只有一个元素时，需要大概 log(n)（底数为 2 的 log）步，每次归并需要比较的次数最多是 n，因此每一个 log(n) 最多需要 n 次比较，也就是说归并排序是 $O(n \times \log(n))$，看上去并不惊艳，但其实这是目前最好的分类算法。事实上，若我们调用 Python 的内置排序函数 sorted：

```
print(sorted(cabinet))
```

Python 混合使用了归并排序和插入排序来完成排序。通过学习归并排序和插入排序，你已经掌握了计算机科学家所能创造的最快的排序算法，这个算法每天在一切可能的应用程序中被使用数百万次。

睡眠排序

互联网给人类带来的巨大负面影响，偶尔会被它提供的一个闪闪发光的小宝藏所抵消。有时候，在科学期刊或"体制"范围之外的互联网甚至还会诞生科学发现。2011 年，在线图片论坛 4chan 上的一位匿名发帖者提出并提供了一种排序算法代码，这种算法以前从未发布过，后来被称为睡眠排序（sleep sort）。

睡眠排序的设计并不是为了模拟任何真实世界的情形，比如把文件插入文件柜。如果非要类比，可以考虑在泰坦尼克号开始下沉的时候分配救生艇。我们可能会让儿童和年轻人先上救生艇，然后让老年人试着登上剩下的位置。如果我们宣布"年轻人比老年人先上船"，就会陷入混乱，因为大家必须比较年龄——在沉船的混乱情况下，他们还要面临艰难的排序问题。

泰坦尼克号救生艇的睡眠排序方法过程如下。我们宣布："请大家站着别动，数：1、2、3……一旦数到自己的年龄，就向前跨上救生艇。"可以想象，8 岁的孩子比 9 岁的孩子早 1 秒数到，所以领先 1 秒上船。同样，8 岁和 9 岁的孩子比 10 岁的孩子先上船，以此类推。根本不需要任何比较，基于排序度量让个体按照比例暂停一段时间，然后自我插入，从而毫不费力地完成排序——不需要直接进行人与人之间的比较。

这个过程展示了睡眠排序的思想：基于排序度量按照比例暂停一段时间，然后允许每个元素直接插入。从编程的角度来看，这些暂停称为睡眠（sleep），大多数语言都可以实现。

在 Python 中睡眠排序实现方法如下。导入 `threading` 模块，为列表中的每个元素创建不同的计算机进程，休眠，然后插入它自己。导入 `time.sleep` 模块，为不同的"线程"设置适当的睡眠时间长度。

```
import threading
from time import sleep

def sleep_sort(i):
    sleep(i)
    global sortedlist
    sortedlist.append(i)
```

```
    return(i)
items = [2, 4, 5, 2, 1, 7]
sortedlist = []
ignore_result = [threading.Thread(target = sleep_sort, args = (i,)).start() \
for i in items]
```

排序后的列表存储在 sortedlist 变量中，ignore_result 列表可以忽略。可以看到，睡眠排序的优点是 Python 代码很简洁。在排序完成之前（这个例子大约是7秒）打印 sortedlist 变量也很有意思，根据执行 print 命令的确切时间，会看到不一样的列表。但是，睡眠排序也有一些重要缺点。第一，因为睡眠时长不可能为负，睡眠排序不能对包含负数的列表进行排序。第二，睡眠排序的执行高度依赖于离群值——如果向列表添加 1000，那么算法完成至少需要等待 1000 秒。第三，如果线程不能完美地并发执行，相近数字的插入顺序可能会出错。最后，由于睡眠排序使用多线程，因此无法在不能支持多线程的硬件或软件上（很好地）执行。

如果要用大 O 符号表示睡眠排序的运行时间，我们可以说它是 $O(max(list))$。与其他所有已知排序算法的运行时间不同，它的运行时间不取决于列表的规模，而取决于列表元素的大小。因此睡眠排序不太好用，只能确保特定列表的性能——即使是很短的列表，如果有一个非常大的元素，也可能需要很长时间进行排序。

睡眠排序从来就没有实际用途。我在这里介绍它有以下几个原因。首先，它与所有其他现存的排序算法非常不一样，这提醒我们，即使是最陈旧、静态的研究领域也有创造和创新的空间，它为看似狭窄的领域提供了一个令人耳目一新的视角。其次，它是匿名设计和发表的，而且很可能是由主流研究和实践圈之外的人撰写的，这提醒我们，伟大的思想和天才不仅存在于一流大学、成熟期刊和顶级公司，同样存在于未经认证和不被认可的机构。第三，它代表了一种迷人的新一代"计算机原生"算法，即无法通过某个东西进行解释，比如很多旧算法可以类比成文件柜和左右手，而它本质上是基于计算机特有的能力（在这个例子中，即睡眠和多线程）。第四，它所依赖的计算机原生概念（睡眠和多线程）非常有用，值得任何算法学家在设计其他算法时使用。第五，我对它有一种特殊的喜爱，或许只是因为它是一种奇怪的、创造性的、格格不入的事物，或许是因为我喜欢它的自组织秩序方法，又或许是因为如果有一天要拯救一艘即将沉没的船，我可以用到它。

从排序到搜索

与排序一样，搜索是计算机科学（以及其他领域）中各类任务的基础。比如，在电话簿中搜索一个名字，或者访问数据库找到某个相关记录。

搜索通常是排序的必然结果。换句话说，一旦我们对一个列表进行了排序，搜索就非常简单——排序往往是最困难的部分。

二进制搜索

二进制搜索（binary search，又称二分搜索）是一种快速有效的搜索方法，用于搜索有序列表中的元素。有点类似猜谜游戏。假设朋友想一个 1 到 100 之间的数字，然后你去猜这个数字。第一次你猜 50。朋友说 50 不对，让你再猜一遍，并给你提示：50 太高了。既然如此，那就猜 49 吧。你还是错了，朋友告诉你 49 太高了，让你再猜。你可以猜 48，然后 47，以此类推，直至得到正确答案。但这样的话需要很长时间——如果正确的数字是 1，那你要猜 50 次，而总共一开始就 100 种可能，猜 50 次好像太多了。

更好的办法是在你知道猜测是太高或太低之后进行更大的跳跃。如果 50 太高了，可以猜 40 而不是猜 49。如果 40 太低，我们就排除了 39 种可能（1~39），最多还要再猜 9 次（41~49）。如果 40 太高，我们至少排除了 9 种可能（41~49），最多还要再猜 39 次（1~39）。所以在最坏的情况下，猜测 40 将可能从 49(1~49)缩小到 39(1~39)。而在最坏的情况下，猜测 49 将可能从 49（1~49）缩小到 48（1~48）。显然，猜测 40 相比猜测 49 是更好的搜索策略。

结果表明，准确地猜测剩余可能性的中间点是最佳的搜索策略。对剩余可能拦腰猜测，然后检查高低，总是可以排除剩余可能的一半。如果每一轮猜测都排除一半的可能，很快就能找到正确值（主场记分的话是 $O(\log(n))$）。例如，一个包含 1000 项的列表，采用二进制搜索策略只需猜测 10 次，就可以找到任何元素。如果只允许猜测 20 次，我们也能在超过 100 万项的列表中正确地找到元素的位置。顺便提一下，猜谜游戏程序只需要大约 20 个问题就能正确"读懂想法"，这便是背后的原因。

在 Python 中实现，首先定义一个文件柜，以及文件位置的上限和下限。下限为

0，上限是柜子的长度：

```
sorted_cabinet = [1,2,3,4,5]
upperbound = len(sorted_cabinet)
lowerbound = 0
```

首先，我们猜文件在柜子的中间。导入 Python 的 math 库，使用 floor() 函数，将小数转换为整数。记住，猜测中间点可以获得尽可能多的信息：

```
import math
guess = math.floor(len(sorted_cabinet)/2)
```

接下来，检查我们的猜测是过高还是过低。我们会根据情况采取不同的行动。使用 looking_for 变量表示要查找的值：

```
f(sorted_cabinet[guess] > looking_for):
    --snip--
if(sorted_cabinet[guess] < looking_for):
    --snip--
```

如果文件位置太高，则重新猜测新的上限。因为不必查找更高的位置，因此新猜测将会更低——准确地说，即当前猜测和下限的中间点：

```
looking_for = 3
if(sorted_cabinet[guess] > looking_for):
    upperbound = guess
    guess = math.floor((guess + lowerbound)/2)
```

如果文件位置太低，我们遵循类似的过程：

```
if(sorted_cabinet[guess] < looking_for):
    lowerbound = guess
    guess = math.floor((guess + upperbound)/2)
```

最后，将所有这些片段放到 binarysearch() 函数。该函数有一个 while 循环，该循环将一直运行，直到搜索到为止（清单 4-7）。

```
import math
sortedcabinet = [1,2,3,4,5,6,7,8,9,10]
```

```
def binarysearch(sorted_cabinet,looking_for):
    guess = math.floor(len(sorted_cabinet)/2)
    upperbound = len(sorted_cabinet)
    lowerbound = 0
    while(abs(sorted_cabinet[guess] - looking_for) > 0.0001):
        if(sorted_cabinet[guess] > looking_for):
            upperbound = guess
            guess = math.floor((guess + lowerbound)/2)
        if(sorted_cabinet[guess] < looking_for):
            lowerbound = guess
            guess = math.floor((guess + upperbound)/2)
    return(guess)

print(binarysearch(sortedcabinet,8))
```

清单 4-7：实现二进制搜索

这段代码的最终输出告诉我们数字 8 位于 sorted_cabinet 的位置 7。这是正确的（记住 Python 列表的索引是从 0 开始的）。这种拦腰式猜测策略在很多领域都很有用。例如曾经流行的桌面游戏《猜猜谁》，这是平均来说最有效策略的基础。再比如，在一个不熟悉的大字典中查找单词，这也是（理论上）最好的方法。

二进制搜索的应用

除了猜数游戏和单词查找，二进制搜索在其他领域也有应用。例如，我们可以使用二进制搜索思想进行代码调试。假设有些代码不能工作，但我们不确定哪部分有错，就可以使用二进制搜索策略来查找问题。把代码一分为二，分别运行。哪一半不能正常运行，问题就出在那一半。同样，再将有问题的那一半再次一分为二，对每一半进行测试，进一步缩小可能性，直到找到错误的代码行。流行的代码版本控制软件 Git 实现了类似的思想，即 git bisect（不过 git bisect 的迭代是基于暂时分离的代码版本，而不是某一版本的不同行）。

二进制搜索还有一个应用是求数学函数的逆。例如，假设要编写一个函数，计算给定数字的 arcsin 或反正弦。我们可以编写一个函数调用 binarysearch() 函数，只需几行代码就能得到正确答案。首先需要定义一个域；这是用来查找特定 arcsin

值的搜索空间。sin 函数是周期性的，值的范围在-pi/2 到 pi/2，它们之间的数构成了定义域。接下来计算定义域中每个值的正弦值。调用 binarysearch()查找正弦值等于给定数字的位置，返回相应的域值：

```python
def inverse_sin(number):
    domain = [x * math.pi/10000 - math.pi/2 for x in list(range(0,10000))]
    the_range = [math.sin(x) for x in domain]
    result = domain[binarysearch(the_range,number)]
    return(result)
```

运行 inverse_sin(0.9)，该函数返回正确的答案：约 1.12。

这不是求逆函数的唯一方法。有些函数可以通过代数运算求逆。然而，对于很多函数来说，求代数函数的逆是很难的，甚至是不可能的。而这里提出的二进制搜索方法适用于任何函数，运行时间为 $O(\log(n))$，速度非常快。

小结

排序和搜索或许对你来说稀松平常，就像刚刚环游世界冒险回来，抽时间去参加一个关于叠衣服的研讨会。可能是吧，但是如果你能有效地叠衣服，就可以为乞力马扎罗山（Kilimanjaro）的徒步旅行打包更多装备。排序和搜索算法是使能者，站在它们的肩膀上能够构建更新型、更伟大的东西。而且排序和搜索算法值得仔细研究，因为它们是基本的、常见的，其思想对你今后的智力生活很有用。本章讨论了一些基本的、有趣的排序算法，以及二进制搜索。还讨论了如何进行算法比较，以及使用大 O 符号。

下一章讨论一些纯数学的应用。我们将看到如何使用算法去探索数学世界，以及数学如何帮助我们理解自己的世界。

5

纯数学

算法的定量精度使其天然地适合于数学应用。本章将探索纯数学中有用的算法，看看数学思想如何改进算法。首先讨论连分式（continued fraction），这个严峻的话题带领我们到达令人眩晕的无限高度，并赋予我们在混沌中寻找秩序的力量。接着讨论平方根，这个话题更平凡但更有用。最后，讨论随机性，包括随机性的数学知识，以及一些生成随机数的重要算法。

连分式

1597 年，伟大的约翰尼斯·开普勒（Johannes Kepler）写下了他认为是几何学的"两大宝藏"：毕达哥拉斯定理（Pythagoras theorem，即勾股定理），以及后来称为黄金比例（golden ratio）的数字。黄金比例通常用希腊字母 phi 表示，约等于 1.618，开普勒只是为之着迷的数十个伟大思想家之一。跟 pi 和其他的著名常数（比如指数底 e）一样，phi 往往出现在令人意想不到的地方。人们在自然界很多地方都发现了 phi，并煞费苦心地记录了它出现在美术作品的什么地方，如图 5-1 所示的洛克比·维纳斯（Rokeby Venus）的注释版本。

在图 5-1 中，一个 phi 爱好者添加了覆盖图，以展示这些长度的比值（如 b/a 和 d/c）约等于 phi。许多伟大的画作都符合这种 phi 式构图。

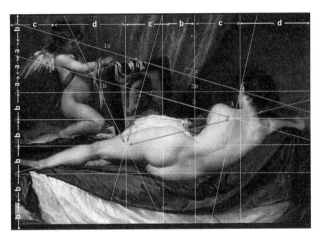

图 5-1　Phi/Venus（网址见链接列表 5.1 条目）

Phi 的压缩和交换

Phi 的精确值很难表达。可以说它等于 1.61803399…这个省略号表示后面还有更多数字（实际上是无限个数字），但我没告诉你这些数字是什么，所以你还是不知道 phi 的精确值。

对于带有无限小数的数字，可以用分数精确地表示它们。例如，数字 0.11111…等于 1/9——分数提供了一种简单的方法来表示无限连续小数的精确值。即使你不知道分数表示法，也可以发现 0.1111…中 1 的循环规律，从而理解它的精确值。不幸的是，黄金分割是一个无理数（irrational number），意味着不存在两个整数 x 和 y 能满足 phi 等于 x/y。而且，尚没有人能够从它的数字中发现任何模式。

现在我们有一个无限小数，它没有清晰的模式，也没有分数表示。清楚地表示出 phi 的精确值是似乎不可能的。但是如果我们对 phi 了解更多，就能找到一种方法精确而简洁地表达它。我们知道 phi 是这个方程的解：

$$phi^2 - phi - 1 = 0$$

我们可以想象，一种表达 phi 精确值的方式是"以上方程的解"。它的优点是简洁，从技术上说是准确的，但这意味着我们必须解方程。而且从这个描述我们无法知道展开式中的第 200 位或第 500 位是什么。

如果我们把方程除以 phi，得到以下结果：

$$phi - 1 - \frac{1}{phi} = 0$$

重新排列这个方程，得到：

$$phi = 1 + \frac{1}{phi}$$

现在想象一下，我们把 phi 用这个方程代入：

$$phi = 1 + \frac{1}{phi} = 1 + \frac{1}{1 + \frac{1}{phi}}$$

这里，我们把右边的 phi 替换为 1 + 1/phi。再做一次同样的替换：

$$phi = 1 + \frac{1}{phi} = 1 + \frac{1}{1 + \frac{1}{phi}} = 1 + \frac{1}{1 + \frac{1}{1 + \frac{1}{phi}}}$$

我们可以替换任意次，没有止境。在这个过程中，phi 被挤到越来越多层不断增加的分数的"角落里"。清单 5-1 展示了一个 7 阶 phi 表达式。

$$phi = 1 + \cfrac{1}{1 + \cfrac{1}{1 + \cfrac{1}{1 + \cfrac{1}{1 + \cfrac{1}{1 + \cfrac{1}{phi}}}}}}$$

清单 5-1：phi 表达式的 7 阶连分式

如果继续这个过程，我们可以把 phi 挤到无穷大阶，如清单 5-2 所示。

$$\text{phi} = 1 + \cfrac{1}{1 + \cfrac{1}{1 + \cfrac{1}{1 + \cfrac{1}{1 + \cfrac{1}{1 + \cdots}}}}}$$

清单 5-2：phi 表达式的无穷连分式

从理论上讲，在无穷无尽的 1、加号和分数线的最后，我们应该往清单 5-2 中插入一个 phi，就像清单 5-1 右下角那样。但是我们不可能等所有 1 结束（因为有无数个），所以完全忽略本应嵌套在右边的 phi 是可以的。

连分式的更多知识

这个表达式叫作连分式。连分式（continued fraction）由和与倒数的多层嵌套构成。连分式可以是有限的，如清单 5-1 的 7 阶连分式；也可以是无限的，如清单 5-2 的连分式。连分式特别适合我们的场景，能够表示 phi 的精确值，而不需要砍伐无数的森林来制造足够的纸。事实上，数学家有时会使用一种更简洁的表示法，即简单用一行表示连分式。不必写下所有的分数线，我们可以使用方括号（[ ]）来表示连分式，使用分号将"单独"的数字隔开。采用这种方法，我们可以将 phi 的连分式写成：

$$\text{phi} = [1; 1,1,1,1,\cdots]$$

这样，省略号不再丢失信息，因为 phi 的连分式有一个清晰的模式：全是 1，所以我们确切地知道它的第 100 个或第 1000 个元素是什么。这就是数学带来的奇迹时刻：表达一个无限的、没有模式的、不可言喻的数字的简明方法。当然，连分式可不止 phi。我们再写一个连分式：

$$\text{mysterynumber} = [2; 1,2,1,1,4,1,1,6,1,1,8,\cdots]$$

这里，观察前几个数字之后，我们发现了一个简单模式：两个 1 和递增的偶数交替。接下来的值是 1,1,10,1,1,12，等等。我们把这个连分式写成传统形式：

$$\text{mysterynumber} = 2 + \cfrac{1}{1 + \cfrac{1}{2 + \cfrac{1}{1 + \cfrac{1}{1 + \cfrac{1}{4 + \cfrac{1}{1 + \cfrac{1}{\ldots}}}}}}}$$

事实上，这个神秘的数字正是我们的老朋友 e，即自然对数的底数！就像 phi 和其他无理数一样，常数 e 的无限小数展开式没有明显规律，不能用有限分数表示，似乎不可能用简明的方式表达它的精确值。但是，通过连分式这样的新概念和简明符号，我们可以把这些显然棘手的数字写在一行里。用连分式来表示 pi 也有几种很好的方法。这是数据压缩的胜利，也是秩序与混沌之间长期斗争的胜利：当我们以为心爱的数字是混沌的，却发现表面之下总是深藏着秩序。

这里 phi 的连分式来自 phi 的特殊方程。但实际上，任意数字都可以生成连分式表示。

生成连分式的算法

为了找到任意数字的连分式展开，我们将使用一个算法。

对于整数分数，找到它的连分式展开是最简单的。例如，确定 105/33 的连分式表示。我们的目标是用以下形式表示这个数字：

$$\frac{105}{33} = a + \cfrac{1}{b + \cfrac{1}{c + \cfrac{1}{d + \cfrac{1}{e + \cfrac{1}{f + \cfrac{1}{g + \cfrac{1}{\ldots}}}}}}}$$

这里省略号是有限的，而不是无限的。我们的算法首先生成 a，其次是 b，然后是 c，按照字母表顺序依次得到每项，直到最后一项，或者直到我们要求它停止为止。

如果把 105/33 解释为除法问题而不是分数问题，我们发现 105/33 等于 3，余数为 6。105/33 可以写成 3+6/33：

$$3+\frac{6}{33}=a+\cfrac{1}{b+\cfrac{1}{c+\cfrac{1}{d+\cfrac{1}{e+\cfrac{1}{f+\cfrac{1}{g+\cfrac{1}{\cdots}}}}}}}$$

这个方程的左右两边都由一个整数（3 和 a）和一个分数（6/33 和右边的其余部分）组成。可知，整数部分相等，所以 $a=3$。然后，我们必须找到合适的 $b,c,\cdots$，使整个分数部分表达式等于 6/33。

为了找到正确的 $b,c,\cdots$，得到 $a=3$ 之后我们要求：

$$\frac{6}{33}=\cfrac{1}{b+\cfrac{1}{c+\cfrac{1}{d+\cfrac{1}{e+\cfrac{1}{f+\cfrac{1}{g+\cfrac{1}{\cdots}}}}}}}$$

对方程两边取倒数，得到以下方程：

$$\frac{33}{6}=b+\cfrac{1}{c+\cfrac{1}{d+\cfrac{1}{e+\cfrac{1}{f+\cfrac{1}{g+\cfrac{1}{h+\cfrac{1}{\cdots}}}}}}}$$

现在的任务是求 b 和 c，我们可以再做一次除法；33 除以 6 等于 5，余数为 3，所以 33/6 可以写成 $5+3/6$：

$$5+\frac{3}{6}=b+\cfrac{1}{c+\cfrac{1}{d+\cfrac{1}{e+\cfrac{1}{f+\cfrac{1}{g+\cfrac{1}{h+\cfrac{1}{\cdots}}}}}}}$$

可以看到，方程两边都有一个整数（5 和 b）和一个分数（3/6 和右边的其余部分）。已知，整数部分相等，所以 $b=5$。现在我们又得到了一个值，接下来需要进一步简化 3/6。如果不能立刻知道 3/6 等于 1/2，可以按照 6/33 的处理过程将 3/6 的倒数表示为 1/(6/3)，然后 6/3 等于 2，余数为 0。这个算法在余数为 0 的时候结束，因此我们意识到整个过程结束了，就可以写出完整的连分式，如清单 5-3 所示。

5 纯数学

$$\frac{105}{33} = 3 + \frac{1}{5+\frac{1}{2}}$$

清单 5-3：105/33 的连分式

反复将两个整数相除得到一个商和一个余数的过程很熟悉，没错。事实上，这和第 2 章的欧几里得算法是一样的！遵循同样的步骤，但记录不同的答案：对于欧几里得算法，我们记录最终的非零余数作为最终答案，而在连分式生成算法中，我们记录过程中的每个商（即字母表的每个字母）。正如数学中经常发生的那样，我们发现了一个意想不到的联系——生成连分式与寻找最大公约数之间的联系。

用 Python 实现这个连分式生成算法，过程如下。

开始，假设分数是 x/y。首先，决定 x 和 y 哪个更大，哪个更小：

```
x = 105
y = 33
big = max(x,y)
small = min(x,y)
```

然后，用较大的数除以较小的数，比如 105/33。结果是商 3 余 6，所以 3 是连分式的第一项（a）。将这个商保存下来：

```
import math
output = []
quotient = math.floor(big/small)
output.append(quotient)
```

在本例中，我们要得到一个包含完整字母表的结果（a,b,c…），为此我们创建一个 output 空列表，然后将第一个结果附加到 output。

最后，我们必须重复这个过程，就像 33/6 那样。记住，33 是刚才的 small 变量，但它现在是 big，除法的余数是新的 small 变量。由于余数总是比除数小，所以 big 和 small 的标记总是正确的。用 Python 完成这个变身，如下：

```
new_small = big % small
big = small
small = new_small
```

现在已经完成了算法的一轮，需要为下一组数字（33 和 6）再重复一轮。为了简洁地实现这个过程，可以将它们放入循环，见清单 5-4。

```
import math
def continued_fraction(x,y,length_tolerance):
    output = []
    big = max(x,y)
    small = min(x,y)

    while small > 0 and len(output) < length_tolerance:
        quotient = math.floor(big/small)
        output.append(quotient)
        new_small = big % small
        big = small
        small = new_small
    return(output)
```

清单 5-4：用连分式表示分数的算法

这里，我们以 *x* 和 *y* 作为输入，定义了一个 `length_tolerance` 变量。记住，有些连分式的长度是无限的，还有些非常长。通过引入 `length_tolerance` 变量，我们可以在难以控制输出的时候尽早停止整个过程，避免陷入无限循环。

还记得我们执行欧几里得算法时，用的是递归方法。而这个例子使用 `while` 循环。递归非常适合欧几里得算法，因为最后只输出一个数字。但是在这里，我们希望得到一系列数字的列表。循环更适合收集序列。

运行新的生成函数 `continued_fraction`：

```
print(continued_fraction(105,33,10))
```

得到简单的输出结果：

```
[3,5,2]
```

可以看到这里的数字与清单 5-3 右侧的整数相同。

我们想要检查一个特定的连分式能否正确地表示数字，为此，定义一个 `get_number()` 函数，将连分式转换为十进制数，见清单 5-5。

```
def get_number(continued_fraction):
    index = -1
    number = continued_fraction[index]

    while abs(index) < len(continued_fraction):
        next = continued_fraction[index - 1]
        number = 1/number + next
        index -= 1
    return(number)
```

清单 5-5：将连分式转换成数字的十进制表示

不必考虑这个函数的细节，只是用它来检验连分式。运行 `get_number([3,5,2])` 检查该函数是否正确，得到输出是 3.181818…，这是 105/33（即开始的数字）的另一种写法。

从小数到连分式

如果连分式算法的输入不是 x/y，而是一个小数，比如 1.4142135623730951，会怎样呢？我们需要做一些调整，但跟分数的过程差不多相同。记住，我们的目标是求下面这种表达式中的 a, b, c, …：

$$1.4142135623730951 = a + \cfrac{1}{b + \cfrac{1}{c + \cfrac{1}{d + \cfrac{1}{e + \cfrac{1}{f + \cfrac{1}{g + \cfrac{1}{\cdots}}}}}}}$$

求 a 依然很简单——就是小数点左边的部分。定义 `first_term`（即方程中的 a）和 `leftover`：

```
x = 1.4142135623730951
output = []
first_term = int(x)
leftover = x - int(x)
output.append(first_term)
```

像之前一样，将连续的答案存储在 `output` 列表中。

得到 a 后，剩下的部分，需要找到它的连分式表示：

$$0.4142135623730951 = \cfrac{1}{b + \cfrac{1}{c + \cfrac{1}{d + \cfrac{1}{e + \cfrac{1}{f + \cfrac{1}{g + \cdots}}}}}}$$

同样，取它的倒数：

$$\frac{1}{0.4142135623730951} = 2.4142135623730945 = b + \cfrac{1}{c + \cfrac{1}{d + \cfrac{1}{e + \cfrac{1}{f + \cfrac{1}{g + \cdots}}}}}$$

下一项 b，就是这个新式子小数点左边的整数部分，即 2。然后，重复以下过程：对小数部分取倒数，然后找到小数点左边的整数部分，以此类推。

在 Python 中，每一轮是这样实现的：

```
next_term = math.floor(1/leftover)
leftover = 1/leftover - next_term
output.append(next_term)
```

将整个过程放在一个函数中，见清单 5-6。

```
def continued_fraction_decimal(x,error_tolerance,length_tolerance):
    output = []
    first_term = int(x)
    leftover = x - int(x)
    output.append(first_term)
    error = leftover
    while error > error_tolerance and len(output) <length_tolerance:
        next_term = math.floor(1/leftover)
        leftover = 1/leftover - next_term
        output.append(next_term)
        error = abs(get_number(output) - x)
    return(output)
```

清单 5-6：找到小数的连分式

这个例子同样使用了 `length_tolerance`。还添加了一个 `error_tolerance`，它允许我们在得到"足够接近"精确答案的近似值的时候退出算法。为此，计算 x 与当前所得的连分式的小数值之差，其中这个小数值使用清单 5-5 中的 `get_number()` 函数获得。

简单尝试一下这个新函数：

```
print(continued_fraction_decimal(1.4142135623730951,0.00001,100))
```

得到输出：

```
[1, 2, 2, 2, 2, 2, 2, 2]
```

这个连分式可以写成（注意约等于符号，因为连分式是一个误差很小的近似值，我们没有完全计算无穷数列的每个元素）：

$$1.4142135623730951 \approx 1 + \cfrac{1}{2 + \cfrac{1}{2 + \cfrac{1}{2 + \cfrac{1}{2 + \cfrac{1}{2 + \cfrac{1}{2 + \cfrac{1}{2}}}}}}}$$

注意右边这个分数的"对角线"上都是 2。我们得到了一个无限展开全是 2 的无限连分式的前七项。这个连分式展开可以写成[1;2,2,2,2,…]。这是 $\sqrt{2}$ 的连分式展开，它是一个无理数，不能表示为整数分数，小数数字也没有规律，但它可以表示为连分式。

从分数到根数

如果你对连分式感兴趣，我建议你却了解一下斯里尼瓦萨·拉马努詹（Srinivasa Ramanujan），他短暂的一生探索了无穷大的边界，并带给我们珍宝。除了连分式，Ramanujan 还对连平方根（continued square roots，又称无穷连根式，nested radicals）感兴趣——例如，以下三个无穷连根式：

$$x = \sqrt{2 + \sqrt{2 + \sqrt{2 + \cdots}}}$$

和

$$y = \sqrt{1 + 2 \times \sqrt{1 + 3 \times \sqrt{1 + 4 \times \sqrt{1 + \cdots}}}}$$

以及

$$z = \sqrt{1 + \sqrt{1 + \sqrt{1 + \cdots}}}$$

其实，$x = 2$（一个古老的匿名结果），$y = 3$（由 Ramanujan 证明），而 z 正是黄金比例 phi！我鼓励你尝试考虑如何用 Python 生成无穷连根式。如果平方根是无限长度的，那显然很有意思，但即便单独考虑平方根和无限长度，结果也很有意思。

平方根

我们对手持计算器习以为常，但想一想它能做的事情，确实令人钦佩。你或许还记得几何课上学过，正弦是用三角形的边来定义的：锐角的正弦等于对边长度除以斜边长度。既然这是正弦的定义，那么计算器是怎样用一个 sin 按钮立即计算的呢？难道在计算器里面画一个直角三角形，拿尺子量出两条边的长度，然后再做除法？平方根也有同样的问题：平方根是平方的逆，计算器无法使用一个简单的闭式算术公式去完成计算。我想你已经猜到答案了：有一种快速计算平方根的算法。

巴比伦算法

假设求数字 x 的平方根。跟处理任何数学题一样，我们可以尝试一种猜测和检查的策略。假设 $\sqrt{x}$ 的最佳猜测是数字 y，计算 y^2，如果结果等于 x，则任务达成（通过一步"幸运猜测算法"就能实现非常罕见）。

如果我们猜的这个 y 不等于 $\sqrt{x}$，那就继续猜，希望下一个猜测值更加接近 $\sqrt{x}$。巴比伦算法提供了一种方法能够系统地改善我们的猜测，直到收敛到正确答案。这是一个简单的算法，只需要用到除法和求平均值：

1. 猜 y，作为 $\sqrt{x}$ 的猜测值。

2. 计算 $z = x/y$。

3. 求 z 和 y 的平均值，这个平均值就是新的 y，或者说 $\sqrt{x}$ 的新猜测值。

4. 重复步骤 2 和 3，直到 $y^2 - x$ 足够小。

我们用四步描述了巴比伦算法。而一个纯粹的数学家可能会用一个方程来表达：

$$y_{n+1} = \frac{y_n + \frac{x}{y_n}}{2}$$

这里，数学家用一组连续下标描述无穷序列，这是常见的数学实践，如（$y_1, y_2, \cdots, y_n$）。如果知道这个无穷数列的第 n 项，就能从以上方程得到第 $n+1$ 项。这个序列收敛于 $\sqrt{x}$，或者说 $y_\infty = \sqrt{x}$。无论你是喜欢四步描述的清晰性，还是方程的优雅简洁性，抑或接下来将要编写的代码的实用性，这是个人品位问题，但熟知算法的所有描述形式是有帮助的。

理解巴比伦算法，考虑以下两种简单情形：

- 若 $y < \sqrt{x}$，则 $y^2 < x$。因此 $\frac{x}{y^2} > 1$，$x \times \frac{x}{y^2} > x$。

  而 $x \times \frac{x}{y^2} = \frac{x^2}{y^2} = \left(\frac{x}{y}\right)^2 = z^2$，因此 $z^2 < x$，即 $z > \sqrt{x}$。

- 若 $y > \sqrt{x}$，则 $y^2 > x$。因此 $\frac{x}{y^2} < 1$，$x \times \frac{x}{y^2} < x$。

  而 $x \times \frac{x}{y^2} = \frac{x^2}{y^2} = \left(\frac{x}{y}\right)^2 = z^2$，因此 $z^2 < x$，即 $z < \sqrt{x}$。

去掉推导过程，更简洁的描述如下：

- 若$y < \sqrt{x}$,则$z > \sqrt{x}$。
- 若$y > \sqrt{x}$,则$z < \sqrt{x}$。

如果y低估了$\sqrt{x}$的正确值,那么z就高估了。如果y高估了$\sqrt{x}$的正确值,那么z就低估了。巴比伦算法的第三步是对真实的高估值和低估值取平均数,这个数将大于低估值、小于高估值,因此比y、z或任何更差的猜测值都更接近真实值。经过几轮逐步改进的猜测,最终得到$\sqrt{x}$的真实值。

Python 中的平方根

巴比伦算法在 Python 中不难实现。定义一个函数,该函数以 x、y 和 `error_tolerance`变量作为参数。创建 `while` 循环反复运行,直到误差足够小为止。在 `while` 循环的每次迭代中,计算 z,将 y 的值更新为 y 和 z 的平均值(即算法描述的第 2、第 3 步),然后更新误差,即 y^2-x。清单 5-7 展示了这个函数。

```
def square_root(x,y,error_tolerance):
    our_error = error_tolerance * 2
    while(our_error > error_tolerance):
        z = x/y
        y = (y + z)/2
        our_error = y**2 - x
    return y
```

清单 5-7:使用巴比伦算法计算平方根的函数

你可能注意到巴比伦算法与梯度上升和外场手算法有一些共同特征,都由小的、迭代的步骤组成,直到足够接近最终目标为止。这是一种常见的算法结构。

检验这个平方根函数:

```
print(square_root(5,1,.000000000000001))
```

可以看到控制台打印出来的数字是 2.23606797749979。检查它与 Python 标准方法 `math.sqrt()`得到的数字是否相同:

```
print(math.sqrt(5))
```

得到完全相同的输出：2.23606797749979。我们成功地写出了自己的求平方根函数。如果你被困在荒岛上，无法下载 math 这样的 Python 模块，请放心可以自己编写 math.sqrt()这样的函数，感谢巴比伦人提供的算法。

随机数生成器

到目前为止，我们在混沌中找到了秩序。这是数学所擅长的，但这一节我们考虑一个完全相反的目标：在秩序中寻找混沌。换句话说，我们要看看如何用算法创造随机性。

对随机数的需求是持续不断的。电子游戏依靠随机选择的数字让玩家对游戏角色的位置和移动感到惊讶。一些最强大的机器学习方法（如随机森林和神经网络）在很大程度上依赖随机选择才能正常工作。同样，强大的统计方法（如 bootstrapping）利用随机性使静态数据集更像混沌世界。公司和科研人员进行 A/B 测试，随机地将实验对象分配到不同条件下，正确地比较条件的影响。这样的例子不胜枚举；在大多数技术领域，对随机性的需求都是巨大而持续的。

随机的可能性

我们这么需要随机数，但唯一问题是不确定它们是否真的存在。有些人相信宇宙是确定性的：就像碰撞的台球一样，某个物体的运动是由完全可追踪的其他运动引起的，而这些运动又是由其他运动引起的，等等。如果宇宙的行为就像桌上的台球，那么，通过了解宇宙中每一个粒子的当前状态，我们就能确定宇宙的完整过去和未来。如果是这样的话，那么任何事件——比如彩票中奖，在世界的另一头重逢失散已久的朋友，被流星击中（实际上这些并不是真正随机的，这里只是举例子）——就不过是大约 12 亿年前宇宙已经完全预定的结果而已。也就是说，不存在随机性，我们被困在一场钢琴演奏的旋律中，事物看起来随机只是因为我们对它们不够了解。

我们所理解的物理学的数学规则符合确定性宇宙，但同时也符合非确定性宇宙，非确定性宇宙确实存在随机性，正如有人所说的，上帝"掷骰子"。它们也符合"多个世界"场景，在这个场景中，事件的每一个可能的版本都会发生，且发生在彼此无法接触的不同宇宙中。如果试图在宇宙中寻找自由意志，则所有这些对物理定律的解释都变得更加复杂。我们所接受的数学物理的解释并不取决于我们的数学理解，而是取决于我们的哲学倾向——任何立场在数学上都是可接受的。

不管宇宙本身有没有随机性，你的笔记本电脑都没有——或者至少不应该有随机性。计算机注定是我们完全顺从的仆人，只准确地做我们明确（何时、以何种方式）命令的事情。让计算机运行电子游戏，基于随机森林执行机器学习，或进行随机实验，都是让确定性的机器产生不确定性的东西：随机数。这是不可能的。

既然计算机不能做到真正的随机，我们设计了近乎完美的算法：伪随机（pseudorandomness）。由于随机数很重要，所以伪随机数生成算法很重要。真正的随机性在计算机上不可能实现（在整个宇宙中也是不可能的），所以伪随机数生成算法必须非常精心地设计，使输出尽可能类似真正的随机性。如何判断伪随机数生成算法是否真正类似随机性，依赖于数学定义和理论，我们马上探讨这些。

让我们从一个简单的伪随机数生成算法开始，然后检查它的输出有多类似随机性。

线性同余生成器

线性同余生成器（Linear Congruential Generator, LCG）是一种最简单的伪随机数生成器（Pseudorandom Number Generator, PRNG）。要实现这个算法，必须指定三个数字，n_1、n_2 和 n_3。LCG 从一个自然数（比如 1）开始，然后简单地应用以下方程计算下一个数：

$$\text{next} = (\text{previous} \times n_1 + n_2) \bmod n_3$$

这就是整个算法，可以说它只有一步。在 Python 中，我们用 % 而不是 mod，编写一个完整的 LCG 函数，见清单 5-8。

```
def next_random(previous,n1,n2,n3):
    the_next = (previous * n1 + n2) % n3
    return(the_next)
```

清单 5-8：线性同余生成器函数

注意，next_random() 函数是确定性的，即相同的输入总是得到相同的输出。再次强调，PRNG 不得不如此，因为计算机总是确定性的。LCG 生成的不是真正的随机数，而是看起来随机或者说伪随机。

要评价这个算法生成伪随机数的能力，可以同时查看它的多个输出，而不是每次得到一个随机数。重复调用刚才创建的 next_random() 函数，将结果存储到一个列表：

```
def list_random(n1,n2,n3):
    output = [1]
    while len(output) <=n3:
        output.append(next_random(output[len(output) - 1],n1,n2,n3))
    return(output)
```

运行 list_random(29,23,32)，得到以下列表：

```
[1, 20, 27, 6, 5, 8, 31, 26, 9, 28, 3, 14, 13, 16, 7, 2, 17, 4, 11, 22, 21, 24, 15, 10, 25, 12, 19, 30, 29, 0, 23, 18, 1]
```

可以看到，列表只包含 0 到 32 之间的数。而且，这个列表的最后一个元素是 1，第一个元素也是 1。如果我们想得到更随机的数，可以在最后一个元素 1 上调用 next_random() 函数来扩展这个列表。但是，请记住，next_random() 函数是确定性的。如果扩展列表，我们得到的是前面部分的重复，因为 1 之后的下一个"随机"数总是 20，20 之后的下一个随机数总是 27，以此类推。继续下去最终再次回到 1，然后永远重复整个列表。我们在重复之前得到的唯一值的个数称为 PRNG 的周期（period）。在这个例子中，LCG 的周期是 32。

评价 PRNG

事实上，这种随机数生成方法终究会开始重复，这是一个潜在缺点，因为人们可以预测接下来会发生什么，而这是我们追求随机性的时候所不希望发生的事情。假设我们使用 LCG 控制一个 32 格的在线轮盘赌应用程序。精明的赌徒长时间观察轮盘可能会注意到，获胜的数字遵循着一种规则模式，每 32 轮重复一次，他们可能会把赌注押在他们知道肯定会赢的数字上，从而赢走所有的钱。

精明的赌徒试图在轮盘赌中获胜的想法对评估任何 PRNG 都是有用的。如果我们用真正的随机性来控制轮盘赌，赌徒一定赢不了。但是，对于控制轮盘赌的 PRNG，任何微小的缺陷，或稍微偏离真正的随机性，都可能被足够精明的赌徒所利用。即使我们创建的 PRNG 与轮盘赌毫无关系，也可以问问自己，"如果自己使用这个 PRNG 来控制轮盘赌应用，会不会输掉所有的钱？"这种直观的"轮盘赌测试"是评价任意 PRNG 有多好的一个合理准则。如果不旋转 32 次以上，LCG 会通过轮盘赌测试，但是后来赌徒可能会注意到输出的重复模式，从而以完美的准确性下注。如果 LCG 周期太短，则无法通过轮盘赌测试。

因此，确保 PRNG 有一个较长的周期。但是在只有 32 格的轮盘赌中，确定性算法的周期最长不超过 32。所以，通常我们采用完整周期（full period）而不是长周期来评价 PRNG。例如 `list_random(1,2,24)` 生成的 PRNG：

[1, 3, 5, 7, 9, 11, 13, 15, 17, 19, 21, 23, 1, 3, 5, 7, 9, 11, 13, 15, 17, 19, 21, 23, 1]

它的周期是 12，对于非常简单的目的来说这已经足够长了，但它不是一个完整周期，因为它没有涵盖范围内所有可能的值。现在，精明的赌徒又注意到，轮盘赌的轮子从来不选偶数（更不用说奇数出现的简单模式），因此他们赢钱，我们输钱。

与长周期、完整周期相关的概念是均匀分布，是指 PRNG 范围内的每个数字都有相同的可能性被输出。运行 `list_random(1,18,36)`，可得：

[1, 19, 1, 19, 1, 19, 1, 19, 1, 19, 1, 19, 1, 19, 1, 19, 1, 19, 1, 19, 1, 19, 1, 19, 1, 19, 1, 19, 1, 19, 1, 19, 1, 19, 1, 19, 1]

在这里，1 和 19 都有 50% 的可能性被 PRNG 输出，而其他数字的可能性都是 0。这个非均匀的 PRNG 对轮盘赌玩家来说太容易了。而 `list_random(29,23,32)`，每个数字都有大约 3.1% 的可能性被输出。

可以看到，这些判断 PRNG 的数学准则之间存在一定的联系：没有长周期或完整周期，导致不是均匀分布。从更实际的角度来看，这些数学属性之所以重要，只是为了让我们的轮盘赌应用程序赔钱。更一般地说，对 PRNG 的唯一重要的测试是，能不能检测其中的模式。

不幸的是，数学或科学语言难以简明地确定模式检测能力。因此，我们以长周期、完整周期和均匀分布作为标记，为模式检测提供提示。当然，这并不是检测模式的唯一线索。例如 list_random(1,1,37) 表示的 LCG。输出如下列表：

```
[1, 2, 3, 4, 5, 6, 7, 8, 9, 10, 11, 12, 13, 14, 15, 16, 17, 18, 19, 20, 21, 22, 23, 24, 25, 26, 27, 28, 29, 30, 31, 32, 33, 34, 35, 36, 0, 1]
```

它是长周期（37）、完整周期（37），以及均匀分布（每个数字输出的可能性都是 1/37）。但是，我们仍然可以检测到它的模式（数字逐个增加 1，直到 36，然后从 0 开始重复）。它通过了我们设计的数学测试，但它肯定无法通过轮盘赌测试。

随机性的 Diehard 测试

没有一个万能的测试方法能够检验 PRNG 是否存在可利用的模式。研究人员设计了许多创造性的测试，评估一组随机数在多大程度上能够抵抗模式检测（换句话说，通过轮盘赌测试）。这类测试统称为"Diehard 测试"。有 12 种 Diehard 测试，每一种以不同的方式评估一组随机数。通过所有 Diehard 测试被视为非常类似真正的随机性。其中一种 Diehard 测试称为重叠和测试（overlapping sums test），以整个随机数列表为输入，计算列表中部分连续数字的和。所有这些和构成的集合应该遵循一种数学模式，通俗地称为钟形曲线（bell curve）。在 Python 中实现一个函数，生成一个重叠和列表：

```python
def overlapping_sums(the_list,sum_length):
    length_of_list = len(the_list)
    the_list.extend(the_list)
    output = []
    for n in range(0,length_of_list):
        output.append(sum(the_list[n:(n + sum_length)]))
    return(output)
```

在一个新随机列表上运行测试：

```python
import matplotlib.pyplot as plt
overlap = overlapping_sums(list_random(211111,111112,300007),12)
plt.hist(overlap, 20, facecolor = 'blue', alpha = 0.5)
plt.title('Results of the Overlapping Sums Test')
```

```
plt.xlabel('Sum of Elements of Overlapping Consecutive Sections of List')
plt.ylabel('Frequency of Sum')
plt.show()
```

运行 list_random(211111,111112,300007)创建一个新的随机列表。这个新随机列表很长，足以使重叠和测试表现良好。代码输出是一个直方图，记录和的频次。如果这个列表类似于一个真正的随机集合，我们预期有的和很大，有的和很小，但预期大多数和在可能值范围的中间位置，正如我们在输出结果图中所看到的（图5-2）。

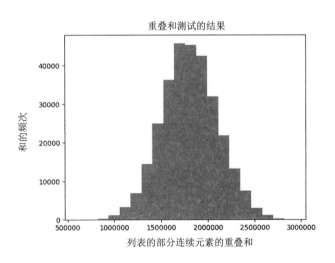

图 5-2　LCG 重叠和测试的结果

如果眯着眼睛看，你会发现这个图很像一个钟。记住，Diehard 重叠和测试表明，如果我们的列表与钟形曲线非常相似（钟形曲线是一种特别重要的数学曲线），则通过测试（图 5-3）。

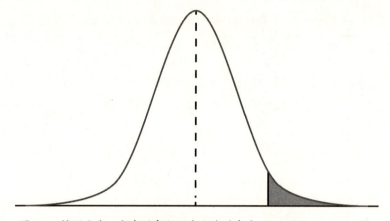

图 5-3　钟形曲线，或者说高斯正态曲线（来自 Wikimedia Commons）

与黄金比例一样，在数学和宇宙中很多意想不到的地方都出现了钟形曲线。这种情况下，我们将重叠和测试结果与钟形曲线之间的相似性解释为 PRNG 类似于真正随机性的证据。

随机性的深奥数学知识有助于设计随机数生成器。不过，只要掌握了轮盘赌如何获胜的思路，同样可以做得很好。

线性反馈移位寄存器

LCG 很容易实现，但对于许多 PRNG 应用来说还不够复杂；一个精明的轮盘赌玩家可以立刻破解 LCG。让我们看看一种更高级、更可靠的算法，称为线性反馈移位寄存器（Linear Feedback Shift Registers，LFSRs），它可以作为进修 PRNG 算法的起点。

LFSRs 是根据计算机体系结构设计的。在最低层，计算机中的数据被存储为一系列的 0 和 1，称作位（或比特）。如图 5-4 所示，以一个 10 位字符串为例。

图 5-4　一个 10 位字符串

接下来，我们进行一个简单的 LFSR 算法。首先计算一个选定子集的简单和——例如，第 4、6、8、10 位的和（也可以选择其他子集）。在这个例子中，和是 3。计算机结构只能存储 0 和 1，所以将这个和对 2 取余，得到 1。然后，移除最右边的位，并将剩下的每个位向右移动一个位置（图 5-5）。

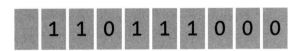

图 5-5　移除和移动之后的比特位

由于移除了一个位并移动了所有位，所以有一个空白位置，我们将刚才计算得到的和插入到这个位置。插入之后得到了新的比特位（图 5-6）。

图 5-6　插入选定子集和之后的比特位

我们把右边移除的位作为算法的输出，即算法应该生成的伪随机数。现在得到了一组新的 10 个有序位，再运行一次算法又得到一个新的伪随机位，操作过程相同。只要愿意，我们可以不断重复这个过程。

在 Python 中，我们可以相对简单地实现反馈移位寄存器。不是直接重写硬盘上的比特位，这里我们创建一个位列表：

```
bits = [1,1,1]
```

用一行代码来定义指定位的和，存储在 xor_result 变量中，因为对 2 取余也称异或（XOR）运算。如果你学过形式逻辑，可能以前接触过 XOR——它有一个逻辑定义和一个等价的数学定义；这里我们使用数学定义。这个输入是一个短位串，我们对第 2 位和第 3 位进行求和，而不是对第 4、6、8、10 位求和（因为没有这么多位）：

```
xor_result = (bits[1] + bits[2]) % 2
```

然后，使用 Python 的 pop() 函数轻松地取出最右边的位，将它存储在 output 变量中：

```
output = bits.pop()
```

接着，使用 insert() 函数在指定位置 0（即最左侧）插入和：

```
bits.insert(0,xor_result)
```

现在，将它们全部放到一个函数，该函数返回两个输出：一个伪随机位和一个新的比特位序列（清单 5-9）。

```
def feedback_shift(bits):
    xor_result = (bits[1] + bits[2]) % 2
    output = bits.pop()
    bits.insert(0,xor_result)
    return(bits,output)
```

清单 5-9：实现 LFSR 的函数，完成本节目标

就像我们在 LCG 中做的那样，创建一个函数生成输出位的完整列表：

```
def feedback_shift_list(bits_this):
    bits_output = [bits_this.copy()]
    random_output = []
    bits_next = bits_this.copy()
    while(len(bits_output) < 2**len(bits_this)):
        bits_next,next = feedback_shift(bits_next)
        bits_output.append(bits_next.copy())
        random_output.append(next)
    return(bits_output,random_output)
```

这里，我们运行 while 循环，直到输入的位序列开始重复为止。由于我们的位列表有 2^3 即 8 种可能的状态，可以预计周期最多为 8。实际上，LFSR 通常不会输出全零序列，因此实际上周期最多为 $2^3 - 1 = 7$。运行以下代码查看所有可能的输出并检查周期：

```
bitslist = feedback_shift_list([1,1,1])[0]
```

果然，bitslist 存储的输出是

```
[[1, 1, 1], [0, 1, 1], [0, 0, 1], [1, 0, 0], [0, 1, 0], [1, 0, 1], [1, 1, 0], [1, 1, 1]]
```

可以看到 LFSR 输出了所有可能的位串，不包含全零。这是一个完整周期的 LFSR，而且输出是均匀分布的。如果我们输入更多的位，最大可能周期将呈指数增长：如果是 10 位，最大可能周期是 $2^{10} - 1 = 1023$，如果是 20 位，则是 $2^{20} - 1 = 1\,048\,575$。

用下面一行检查这个简单 LFSR 生成的伪随机位列表：

```
pseudorandom_bits = feedback_shift_list([1,1,1])[1]
```

存储在 pseudorandom_bits 中的输出看起来相当随机，哪怕这个 LFSR 和输入很简单：

```
[1, 1, 1, 0, 0, 1, 0]
```

很多应用都采用 LFSR 生成伪随机数，比如白噪声。本节我们感受了高级 PRNG。如今在实践中使用最广泛的 PRNG 是 Mersenne Twister，这是一种改进的广义反馈移位寄存器——本质上就是这里介绍的 LFSR 的一个更复杂版本。如果继续学习 PRNG，你会遇到大量的卷积和高等数学，但都是基于这里讲述的思想：通过严格的数学测试评估，确定性的数学公式可以类比随机性。

小结

数学和算法总是有着密切的联系。越是深入一个领域，就越要准备好接受另一个领域的先进思想。数学看起来神秘而不切实际，还有很长的路要走：有时候数学上的理论进步在许多世纪以后才会引领实用技术。在本章，我们讨论了连分式以及为任意数字生成连分式表示的算法。还讨论了平方根，并考查了手持计算器用来计算平方根的算法。最后，讨论了随机性，包括生成伪随机数的两种算法，以及评估声称是随机列表的数学原理。

在下一章，我们将讨论优化，这会是你仗剑走天涯的强大武器。

6

高级优化

你已经知道什么是优化:在第3章我们讨论了梯度上升和梯度下降,通过"爬山"找到最大值或最小值。任何优化问题都可以看成一种"爬山":努力从大量的可能性中找到最佳结果。梯度上升工具简单而优雅,但有一个致命弱点:它引导我们找到的仅仅是局部最优,但不是全局最优。拿爬山比喻来说,它把我们带到一个小山丘的顶,而下山走一点,我们反而能去攀登真正想爬的大山。处理这个问题是高级优化中最困难和最关键的事情。

在本章,我们通过案例研究讨论一种更高级的优化算法。考虑旅行商问题及其若干可能的解决方案和它们的缺点。最后,介绍模拟退火,这是一种高级优化算法,它克服了这些缺点,能够实现全局优化,而不仅仅是局部优化。

旅行商问题

旅行商问题（Traveling Salesman Problem, TSP）是计算机科学和组合学中非常著名的问题。想象一下，一个推销员想要去很多城市兜售商品。由于各种原因——比如失业，汽车油费，长途旅行带来的头痛（图 6-1）——在城市之间旅行的成本很高。

图 6-1　那不勒斯的一名旅行推销员

TSP 要求我们确定城市的旅行顺序，使旅行成本最小化。与所有典型的科学问题一样，这说起来容易，解决起来却极其困难。

问题定义

让我们启动 Python，开始探索吧。首先，随机生成一张地图供旅行商遍历。令数字 N 表示地图上的城市数量。假设 $N = 40$，然后选择 40 组坐标：每个城市都有一个 x 值和一个 y 值。使用 numpy 模块随机选择：

```
import numpy as np
random_seed = 1729
np.random.seed(random_seed)
N = 40
x = np.random.rand(N)
y = np.random.rand(N)
```

在这段代码中，我们使用了 numpy 模块的 random.seed() 方法，输入任意数字，该方法将其用作伪随机数生成算法的"种子"（关于伪随机数生成，请参阅第 5 章）。也就是说，使用相同的种子将会生成相同的随机数，因此按照这个代码编写更容易些，你将得到与这里相同的图和结果。

接下来，压缩 x 和 y 来创建 cities，它是一个坐标对列表，表示 40 个随机生成的城市位置。

```
points = zip(x,y)
cities = list(points)
```

在 Python 控制台中运行 print(cities)，可以看到一个随机生成的点列表。每个点代表一个城市。不需要给城市命名。第一个城市是 cities[0]，第二个城市是 cities[1]，以此类推。

我们已经具备了解决 TSP 所需的一切条件。第一个解决方案是简单地按 cities 列表中出现的顺序访问城市。定义 itinerary，将访问顺序存储在这个列表中：

```
itinerary = list(range(0,N))
```

另一种写法是：

```
itinerary    =    [0,1,2,3,4,5,6,7,8,9,10,11,12,13,14,15,16,17,18,19,20,21,22,23,24,25,
26,27,28,29, \30,31,32,33,34,35,36,37,38,39]
```

itinerary 中的数字就是我们计划访问的城市的顺序：第一个是城市 0，然后是城市 1，以此类推。

接下来，我们需要评判这个行程，决定它是否代表一个好的或至少是可以接受的 TSP 解决方案。记住，TSP 的关键是最小化推销员在城市间旅行的成本。那么旅行的成本是多少呢？我们可以指定任意成本函数：可能某些道路的交通流量比其他道路大，可能有些河流很难穿越，或者可能向北行驶比向东行驶更难，或者相反。让我们从简单的开始：假设每走 1 个距离花费 1 美元，不考虑方向，也不管是哪两个城市。在这一章我们不指定距离单位，因为无论英里、千米还是光年，算法原理都是一样的。在这种情况下，最小化成本就是最小化所走的距离。

为了确定某个行程的距离，我们需要定义两个新函数。首先，需要一个函数来生成连接所有点的路线集合。然后，需要把这些路线的距离加起来。先定义一个空列表，用于存储这些路线：

```
lines = []
```

接下来，遍历行程中的每个城市，每一次向 lines 添加一条连接当前城市和下一个城市的新路线。

```
for j in range(0,len(itinerary) - 1):
    lines.append([cities[itinerary[j]],cities[itinerary[j + 1]]])
```

运行 print(lines)，可以看到 Python 是如何存储路线信息的。每一条路线存储为一个列表，包含两个城市的坐标。例如，运行 print(lines[0]) 查看第一行，得到如下输出：

```
[(0.21215859519373315, 0.1421890509660515), (0.25901824052776146, 0.4415438502354807)]
```

将这些元素放在 genlines（即"generate lines"的缩写）函数中，该函数以 cities 和 itinerary 作为参数，按照 itinerary 指定的顺序返回连接 cities 中每个城市的路线集合：

```
def genlines(cities,itinerary):
    lines = []
    for j in range(0,len(itinerary) - 1):
        lines.append([cities[itinerary[j]],cities[itinerary[j + 1]]])
    return(lines)
```

现在我们生成了任意行程中每两个城市间的路线集合，可以创建一个函数来衡量这些路线的总距离。首先将总距离定义为 0，然后对于 lines 中的每个元素，将其路线长度添加到 distance 变量中。使用勾股定理计算路线长度。

注意

使用勾股定理计算地球表面的距离是不太正确的；地球表面是曲面，需要更复杂的几何学才能得到地球上两点之间的真实距离。这里我们忽略这个小小的复杂性，假设推销员可以在地壳中挖洞走直线，或者假设他生活在某个平面几何的乌托邦世界，用古希腊方法计算距离。勾股定理能够很好地计算近似真实距离，尤其是短距离。

```python
import math
def howfar(lines):
    distance = 0
    for j in range(0,len(lines)):
        distance += math.sqrt(abs(lines[j][1][0] - lines[j][0][0])**2 + \
        abs(lines[j][1][1] - lines[j][0][1])**2)
    return(distance)
```

这个函数以路线列表作为输入，再输出所有路线的长度之和。有了这两个函数，我们就可以确定推销员需要旅行的总距离：

```python
totaldistance = howfar(genlines(cities,itinerary))
print(totaldistance)
```

我运行这段代码时，totaldistance 大约是 16.81。如果你使用相同的随机种子，应该得到相同的结果。如果使用不同的种子或城市集合，结果将略有不同。

为了弄清楚这个结果的含义，我们把这个行程画出来。为此，创建 plotitinerary() 函数：

```python
import matplotlib.collections as mc
import matplotlib.pylab as pl
def plotitinerary(cities,itin,plottitle,thename):
    lc = mc.LineCollection(genlines(cities,itin), linewidths=2)
    fig, ax = pl.subplots()
    ax.add_collection(lc)
    ax.autoscale()
    ax.margins(0.1)
    pl.scatter(x, y)
    pl.title(plottitle)
```

```
pl.xlabel('X Coordinate')
pl.ylabel('Y Coordinate')
pl.savefig(str(thename) + '.png')
pl.close()
```

plotitinerary()函数的参数是cities、itin、plottitle和thename，其中cities是城市列表，itin是我们要画的行程，plottitle是图形上方的标题，thename是输出图形的png名称。该函数使用pylab模块进行绘图，使用matplotlib的collections模块创建路线集合，然后画出行程中的点以及连接它们的路线。

运行plotitinerary(cities, itinerary, 'TSP - Random Itinerary ', 'figure2')绘制行程，生成的图形如图6-2所示。

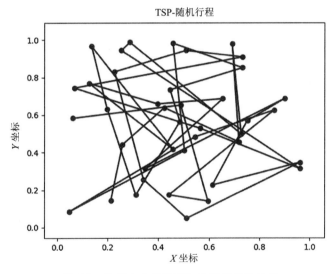

图6-2 按照生成顺序随机访问城市的行程

从图6-2可以看出，我们还没找到TSP的最佳解决方案。我们几次让可怜的推销员在地图上飞快地跑到一个非常遥远的城市，而如果在沿途其他城市停留，明显会改善很多。接下来的目标是使用算法找到最短旅行距离的行程。

现在我们讨论第一个可能的解决方案，它最简单，但性能最差。后面我们将讨论用一点复杂性换取性能大幅提升的解决方案。

智力对比蛮力

你可能会想到，把连接城市的每一个可能的行程都列出来，然后逐个评估，看看哪一个是最好的。假设我们想要访问三个城市，下面是所有访问顺序的详尽列表：

- 1, 2, 3
- 1, 3, 2
- 2, 3, 1
- 2, 1, 3
- 3, 1, 2
- 3, 2, 1

逐个衡量长度然后进行比较，通过这种方式评估，应该不会花很长时间。这称为蛮力（brute force）解决方案。这里说的不是体力上的蛮力，是指利用 CPU 蛮力检查一个详尽的列表，而不使用算法设计者的智力，算法设计者可能会找到更优雅、运行时间更快的方法。

有时候蛮力方案恰恰是正确的方法，编程容易，而且可靠；主要缺点是运行时间长，从来没有比算法方案快过，而且往往糟糕得多。

以 TSP 为例，当城市数量超过 20，蛮力解决方案所需的运行时间急剧增加，变得不切实际。假设我们有 4 个城市，试图找到每一种可能的访问顺序，考虑需要检查多少个可能行程：

1. 选择访问第一个城市时，有四个选择，因为四个城市我们都没有去过。所以选择第一个城市的方法数是 4。

2. 选择访问第二个城市时，有三个选择，因为总共有四个城市，我们已经访问了其中一个。所以选择前两个城市的方法数是 $4 \times 3 = 12$。

3. 选择访问第三个城市时，有两个选择，因为总共有四个城市，我们已经访问了其中两个。所以选择前三个城市的方法数是 $4 \times 3 \times 2 = 24$。

4. 选择访问第四个城市时，有一个选择，因为总共有四个城市，我们已经访问了其中三个。所以选择这四个城市的方法数是 $4 \times 3 \times 2 \times 1 = 24$。

可以注意到这个模式：有 N 个城市要访问，可能的行程总数是 $N \times (N-1) \times (N-2) \times \cdots \times 3 \times 2 \times 1$，也就是 $N!$（N 的阶乘）。阶乘函数增长相当快：3! 只有 6（我们甚至不用计算机就可以蛮力解决），10! 超过 300 万（在现代计算机上蛮力方法很容易），18! 超过 6000 万亿，25! 超过 15 的七次方，考虑到目前对宇宙寿命的预期，35! 以上就开始逼近当前技术上的极限了。

这种现象称作组合爆炸（combinatorial explosion）。组合爆炸并没有严格的数学定义，指的是小集合经过排列组合，得到远远超出原始集合规模的大量可能选择，其规模我们无法使用蛮力解决。

例如，罗得岛州的 90 个邮政编码地区之间可能的路线数量，远远超过了宇宙中原子的估计数量，尽管罗得岛州比整个宇宙要小得多。同样，一个国际象棋棋盘可容纳的棋局数比宇宙原子数还要多，尽管事实上国际象棋棋盘甚至比罗得岛州还小。这些自相矛盾的情况，从确信有限的边界涌现出几乎无限的可能，因此好的算法设计尤其重要，因为蛮力永远无法对最难问题的所有可能解决方案进行探讨。组合爆炸意味着我们必须考虑 TSP 的算法解决方案，因为我们没有足够的 CPU 去蛮力计算。

最近邻算法

接下来，我们考虑一种简单、直观的方法，称为最近邻算法（nearest neighbor algorithm）。从列表的第一个城市开始。然后只需找到离第一个城市最近的、未访问的城市，将其作为第二个访问对象。每一步都观察所处的位置，然后选择最近的、未访问的城市作为行程的下一个城市。这样能够最小化每一步的旅行距离，但总旅行距离可能不是最小的。请注意，与蛮力搜索不同，我们并不查看每个可能的行程，而是每一步只寻找最近的邻居。这样，即使 N 非常大，运行时间也会非常快。

实现最近邻搜索

首先，编写一个函数，找到任意给定城市的最近邻居。假设我们有一个点 point，一个城市列表 cities。从 point 到 cities 第 j 个元素的距离由以下勾股定理计算：

```
point = [0.5,0.5]
j = 10
```

```
distance = math.sqrt((point[0] - cities[j][0])**2 + (point[1] - cities[j][1])**2)
```

想要找到离 point 最近的 cities 元素（即 point 的最近邻居），我们需要迭代 cities 的每个元素，检查 point 和每个城市之间的距离，如清单 6-1 所示。

```
def findnearest(cities,idx,nnitinerary):
    point = cities[idx]
    mindistance = float('inf')
    minidx = - 1
    for j in range(0,len(cities)):
        distance = math.sqrt((point[0] - cities[j][0])**2 + (point[1] - cities[j][1])**2)
        if distance < mindistance and distance > 0 and j not in nnitinerary:
            mindistance = distance
            minidx = j
    return(minidx)
```

清单 6-1：findnearest() 函数，找到给定城市的最近邻城市

有了 findnearest() 函数之后，就可以实现最近邻算法了。我们要创建一个 nnitinerary 行程。我们说 cities 的第一个城市是推销员的起点位置：

```
nnitinerary = [0]
```

如果行程有 N 个城市，我们的目标是遍历 0 到 N-1 之间的所有数字，对每个数字找到距离它最近的邻居，并将该城市添加到我们的行程中。使用清单 6-2 中的 donn() 函数（"do nearest neighbor" 的缩写）来实现。它从 cities 的第一个城市开始，每一步都将最近的城市添加为下一个要访问的城市，直到所有城市都被添加到行程中。

```
def donn(cities,N):
    nnitinerary = [0]
    for j in range(0,N - 1):
        next = findnearest(cities,nnitinerary[len(nnitinerary) - 1],nnitinerary)
        nnitinerary.append(next)
    return(nnitinerary)
```

清单 6-2：依次查找每个城市的最近邻居，并返回一个完整行程的函数

现在我们检查最近邻算法的效果。首先，画出这个最近邻行程，如图 6-3 所示。

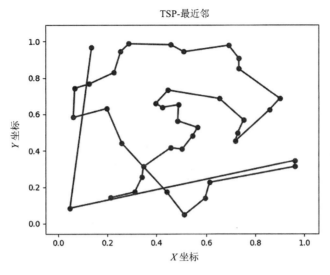

图 6-3 最近邻算法生成的行程

再看看在这个新的行程下,推销员需要走多远:

```
print(howfar(genlines(cities,donn(cities,N))))
```

我们看到推销员沿着随机路径走了 16.81 的距离,而这个算法将距离压缩到了 6.29。注意这里没有单位,可以把它理解为 6.29 英里(或公里或秒差距)。重要的是,它小于随机行程的 16.81 英里(或公里或秒差距)。这是一个显著的提升,而且算法非常简单、直观。如图 6-3 所示,性能有了明显提升:跨地图两端的旅行更少,相邻城市之间的短途旅行更多。

进一步改进

仔细观察图 6-2 或图 6-3,你可能会想到一些具体的改进。可以自己试着改进,然后使用 howfar() 函数来检查这些改进是否有效。比如,对于原始随机行程:

```
initial_itinerary = [0,1,2,3,4,5,6,7,8,9,10,11,12,13,14,15,16,17,18,19,20,21,22,23,24,25,\
26,27,28,29,30,31,32,33,34,35,36,37,38,39]
```

考虑调换第 6 个城市和第 30 个城市的访问顺序来改进行程。定义一个新的行程，将要改进的城市编号（加粗显示）调换一下：

```
new_itinerary = [0,1,2,3,4,5,30,7,8,9,10,11,12,13,14,15,16,17,18,19,20,\
21,22,23,24,25,26,27,28,29,6,31,32,33,34,35,36,37,38,39]
```

然后进行简单比较，检查调换是否减少了总距离：

```
print(howfar(genlines(cities,initial_itinerary)))
print(howfar(genlines(cities,new_itinerary)))
```

如果 new_itinerary 比 initial_itinerary 好，则丢弃 initial_itinerary，保留新行程。这里，我们发现新行程的总距离约为 16.79，比原始行程有很小的改进。找到一个小改进之后，我们可以继续执行同样的过程：选择两个城市，交换它们在行程中的位置，然后检查总距离是否减少。我们可以无限继续这个过程，并且每一步都能够合理地找到一种减少旅行距离的方法。重复多次以后，就可以（希望）得到一个总距离很短的行程。

编写一个函数自动执行这个调换—检查过程（清单 6-3）：

```
def perturb(cities,itinerary):
    neighborids1 = math.floor(np.random.rand() * (len(itinerary)))
    neighborids2 = math.floor(np.random.rand() * (len(itinerary)))
    
    itinerary2 = itinerary.copy()
    
    itinerary2[neighborids1] = itinerary[neighborids2]
    itinerary2[neighborids2] = itinerary[neighborids1]
    
    distance1 = howfar(genlines(cities,itinerary))
    distance2 = howfar(genlines(cities,itinerary2))
    
    itinerarytoreturn = itinerary.copy()
    
    if(distance1 > distance2):
        itinerarytoreturn = itinerary2.copy()
```

```
return(itinerarytoreturn.copy())
```

清单 6-3：稍微改动行程，与原始行程比较，然后返回更短行程的函数

perturb()函数的参数是城市列表和行程。然后，定义两个变量 neighborids1 和 neighborids2，它们是 0 到行程长度数之间的随机整数。接下来，创建一个新行程 itinerary2，调换 neighborids1 和 neighborids2，其他与原行程相同。然后计算原行程的总距离 distance1 和 itinerary2 的总距离 distance2。如果 distance2 小于 distance1，则返回新行程（即调换过的）。否则，返回原行程。因此，这个函数总是返回一个与原输入行程相同或更好的行程。我们将这个函数命名为 perturb()，因为它扰乱并试图改进给定行程。

现在，我们在一个随机行程上重复调用 perturb()函数。事实上，函数调用了 200 万次，以获得尽可能最短的旅行距离：

```
itinerary = [0,1,2,3,4,5,6,7,8,9,10,11,12,13,14,15,16,17,18,19,20,21,22,23,24,25,\
26,27,28,29,30,31,32,33,34,35,36,37,38,39]

np.random.seed(random_seed)
itinerary_ps = itinerary.copy()
for n in range(0,len(itinerary) * 50000):
    itinerary_ps = perturb(cities,itinerary_ps)

print(howfar(genlines(cities,itinerary_ps)))
```

我们刚刚实现的是扰动搜索（perturb search）算法，即在数千个可能行程中搜索，希望找到一个好的行程，就像蛮力搜索一样。区别是蛮力搜索不加区分地考虑每一个可能路线，而扰动搜索是引导式搜索（guided search），考虑总距离单调减少的一组路线，因此相比蛮力搜索它能更快地得到一个好的解决方案。我们只需要对这个扰动搜索算法做一些小小的改动，就可以实现模拟退火，这是本章的重要算法。

在讲解模拟退火代码之前，我们介绍一下比起我们目前讨论的算法，它有什么样的改进。为了在 Python 中实现模拟退火，还将引入一个温度函数。

贪婪算法

目前我们所考虑的最近邻算法和扰动搜索算法都属于贪婪算法（greedy algorithm）。贪婪算法按步骤进行，每一步的选择都是局部最优的，但不一定是全局最优的。例如最近邻算法中，每一步都寻找离我们最近的城市，而不考虑其他城市。访问最近的城市是局部最优的，因为最小化了当前这一步的旅行距离。但是，由于不能同时考虑所有的城市，它可能不是全局最优的——可能导致我们选择一些奇怪的路径，最终使整个行程变得非常长，这样推销员的成本很高，虽然每一步在当时看来都很好。

"贪婪"指的是这种局部优化决策过程的短视。我们借鉴寻找复杂丘陵地带的最高点，来理解优化问题的这些贪婪方法，其中"高"点相当于更好、最优的方案（TSP 中的短距离），"低"点相当于更差、次优的方案（TSP 中的长距离）。在丘陵地带寻找最高点的贪婪方法是一直往上走，但可能会把我们带到一个小山丘的顶，而不是最高的山顶。有时候往下走才能去攀登更高的山。由于贪婪算法只搜索局部改进，永远不会往下走，因此陷入局部极值。这正是第 3 章所讨论的问题。

有了这样的理解，我们终于可以介绍如何解决贪婪算法的局部优化问题。思想是丢弃不断攀升的幼稚承诺。以 TSP 为例，有时候不得不用更差的行程进行扰乱，稍后才可以得到最好的行程，就像我们走下小山丘，是为了最终登上高峰。换句话说，为了最终做得更好，不得不在初期做得更差。

引入温度函数

为了最终做得更好而做得更差是一件微妙的事情。如果我们过于热衷于做得更差，可能就会步步往下走，然后到达一个低点而不是高点。我们需要找到一种方法，它只差一点，只是偶尔差一点，只在学习如何最终做得更好的情况下差一点。

再想象一下，我们在一个复杂的丘陵地带。傍晚出发，假设我们有两个小时的时间去寻找整个地形的最高点。假设我们没有手表记录时间，但知道晚上空气会逐渐变冷，所以决定用温度来估计大约还剩多少时间才能找到最高点。

开始的时候，外面比较热，我们很自然地进行创造性探索。因为还有很长一段时间，所以为了更好地了解地形，看看新的地方，往下走一点也没有太大的风险。但随着天气变冷，两个小时即将结束，我们就不太愿意进行广泛的探索，更专注于提升，而不愿向下走。

花点时间考虑一下：为什么这个策略是达到最高点的最佳方式？我们已经讨论过为什么要偶尔下山：这样可以避免"局部最优"，即避免大山旁边的小山丘顶。那我们应该什么时候往上走呢？比如两个小时的最后 10 秒，无论我们在哪里，都应该尽可能地直接向上走。最后 10 秒去探索、寻找新山脉是没用的，因为即使找到了一个有前途的山，也没有时间去攀登它；而如果我们犯了错，即在最后 10 秒往下走，更没有时间去弥补。因此，最后 10 秒我们应该直接向上，根本不考虑向下。

相反，考虑两个小时的前 10 秒。这个时间我们没有必要急着直接向上走。刚开始，我们可以往下走一点去探索、多了解。如果前 10 秒犯了错，以后还有足够的时间改正。我们有足够的时间去利用我们学到的任何东西或探索到的任何山脉。在最初的 10 秒中，对向下持最开放的态度，最不热衷于直接向上，这是值得的。

用同样的思想来理解其他时间。例如结束前 10 分钟，比起结束前 10 秒，我们的心态更加温和。而 10 分钟比 10 秒长，所以我们要有一点向下探索的开放性，万一能发现一些有希望的东西呢。同样地，比起头 10 秒，头 10 分钟我们的心态也会变得更加温和。整个两个小时的时间呈现出一种梯度式意向：初期愿意偶尔向下，接着逐渐增加只向上的热情。

在 Python 中对这个场景进行建模，我们定义一个函数。一开始温度很高，我们愿意探索和往下走，到最后温度很低，我们不愿意往下走。这个温度函数比较简单，以 t 为参数，其中 t 表示时间：

```
temperature = lambda t: 1/(t + 1)
```

在 Python 控制台运行以下代码，可以看到温度函数的简单图形。首先导入 matplotlib，然后定义 ts，其中的 t 值范围在 1 到 100 之间。最后，画出每个 t 值对应的温度。我们仍然不考虑单位或确切值，因为这是一种假设情况，用于展示冷却函数的一般形状。因此，我们用 1 表示最高温度，0 表示最低温度，0 表示最小时间，99 表示最大时间，不指定单位。

6 高级优化 **119**

```
import matplotlib.pyplot as plt
ts = list(range(0,100))
plt.plot(ts, [temperature(t) for t in ts])
plt.title('The Temperature Function')
plt.xlabel('Time')
plt.ylabel('Temperature')
plt.show()
```

结果如图 6-4 所示。

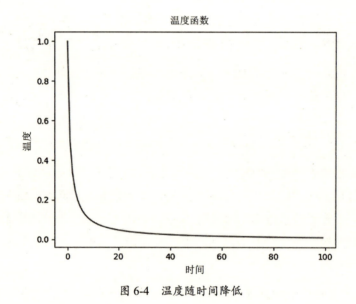

图 6-4　温度随时间降低

如图 6-4 所示，可看到这个假设的优化过程的温度变化。使用温度控制优化的时间进度：在任意给定时间，我们向下的意愿与温度成正比。

现在我们有了完整实现模拟退火所需的全部材料。不要犹豫，直接开始。

模拟退火

让我们把所有这些放在一起：温度函数，丘陵地形的搜索问题，扰动搜索算法，以及 TSP。在 TSP 情境下，TSP 的每一个可能方案构成了我们所处的复杂丘陵地形。

想象一下，较好的解决方案对应的是地势较高的点，较差的解决方案对应的是地势较低的点。应用 perturb() 函数时，移动到地形中的另一个点，我们希望这个点尽可能高。

使用温度函数来指导我们对这一地形的探索。开始的时候温度高，更倾向于选择糟糕的路线。随着过程接近尾声，我们不太愿意选择糟糕的行程，而是更多地关注"贪婪"优化。

我们将要实现的模拟退火（simulated annealing）算法，是扰动搜索算法的一种改进形式。本质区别是，在模拟退火中，我们有时愿意接受使旅行距离**增加**的行程变更，因为它能避免局部优化问题。是否愿意接受更差的行程取决于当前温度。

让我们来修改 perturb() 函数。添加一个新参数：time，将其传递给 perturb()。time 参数衡量模拟退火过程进行了多久；刚开始第一次调用 perturb() 时 time 为 1，接着是 2、3……调用 perturb() 函数的次数就是 time 的值。我们添加了一行代码定义温度函数，还有一行选择随机数。如果随机数小于温度，则愿意接受更差的行程。如果随机数大于温度，则不愿意接受更差的行程。这样，我们就会偶尔，但不经常，接受更差的行程，而且随着时间的推移，我们接受更差行程的可能性随着温度的下降而降低。这个新函数称为 perturb_sa1()，其中 sa 是模拟退火的缩写。清单 6-4 展示了新的 perturb_sa1() 函数及其修改部分。

```
def perturb_sa1(cities,itinerary,time):
    neighborids1 = math.floor(np.random.rand() * (len(itinerary)))
    neighborids2 = math.floor(np.random.rand() * (len(itinerary)))

    itinerary2 = itinerary.copy()

    itinerary2[neighborids1] = itinerary[neighborids2]
    itinerary2[neighborids2] = itinerary[neighborids1]

    distance1 = howfar(genlines(cities,itinerary))
    distance2 = howfar(genlines(cities,itinerary2))

    itinerarytoreturn = itinerary.copy()

    randomdraw = np.random.rand()
```

6 高级优化

```
temperature = 1/((time/1000) + 1)

if((distance2 > distance1 and (randomdraw) < (temperature)) or (distance1 > distance2)):
    itinerarytoreturn=itinerary2.copy()

return(itinerarytoreturn.copy())
```

清单 6-4：修改后的 perturb() 函数，它考虑了温度和随机选择

仅仅添加了两行短代码、一个新参数和一个 if 条件（在清单 6-4 中以粗体显示），我们得到了一个非常简单的模拟退火函数。此外，我们还稍微改动了温度函数；由于使用非常大的 time 值来调用这个函数，因此使用 time/1000 而不是 time 作为温度函数的分母部分。将基于扰动搜索算法的模拟退火与最近邻算法进行性能比较，如下：

```
itinerary = 
[0,1,2,3,4,5,6,7,8,9,10,11,12,13,14,15,16,17,18,19,20,21,22, 23,24,25,26,27,28,29, \
30,31,32,33,34,35,36,37,38,39]
np.random.seed(random_seed)

itinerary_sa = itinerary.copy()
for n in range(0,len(itinerary) * 50000):
    itinerary_sa = perturb_sa1(cities,itinerary_sa,n)

print(howfar(genlines(cities,itinerary))) #random itinerary
print(howfar(genlines(cities,itinerary_ps))) #perturb search
print(howfar(genlines(cities,itinerary_sa))) #simulated annealing
print(howfar(genlines(cities,donn(cities,N)))) #nearest neighbor
```

恭喜！你可以执行模拟退火了。可以看到，随机行程的距离是 16.81，而最近邻行程的距离是 6.29，这是前面的结果。扰动搜索的行程距离为 7.38，模拟退火行程的距离为 5.92。在这个例子中，我们发现扰动搜索性能优于随机行程，最近邻性能优于扰动搜索和随机行程，模拟退火性能优于其他所有方法。尝试其他随机种子，可能会看到不同的结果，比如模拟退火的性能不如最近邻的情况。这是因为模拟退火是一个敏感的过程，为了有效和可靠，需要进行几个方面的精确调整。完成调优之后，模拟退火的性能总是比简单的贪婪优化算法更好。接下来我们关注模拟退火的细节，包括如何调优实现最佳性能。

> **基于隐喻的元启发式方法**
>
> 如果你知道模拟退火的起源，就更容易理解它的特性。退火是一种冶金过程，金属被加热，然后逐渐冷却。当金属变热时，金属中粒子之间的许多键就会被破坏。当金属冷却时，粒子之间形成新的键，使金属具有更理想的不一样的特性。模拟退火和退火在某种意义上是一样的，当温度很高时，我们通过接受差的解决方案来"打破"事物，并希望当温度降低时，我们以一种比以前更好的方式来修复它们。
>
> 这个比喻有点做作，如果不是冶金学家很难直观理解。模拟退火称为基于隐喻的元启发式方法。有很多基于隐喻的元启发式方法，基于自然界或人类社会的已知过程，想办法改造它以解决优化问题。例如蚁群优化、杜鹃搜索、乌贼优化、猫群优化、混合蛙跳、帝企鹅群、和声搜索（基于爵士音乐家的即兴创作）以及雨水算法等。有些类比是人为设计的，没什么用处，但有时能够提供或激发对一个严肃问题的真正洞察力。无论哪种情况，学习它们并将它们编写成代码几乎总是有趣的。

算法调优

前面提到，模拟退火是一个敏感的过程。刚才介绍的代码展示了实现它的基本方法，但为了做得更好，我们需要改动一些细节。通过改动算法的小细节或参数，但不改变算法主要框架，以获得更好的性能，这个过程通常被称为调优（tuning）。像这样的难题场景下，调优可以产生巨大差异。

`perturb()`函数对行程做了一个小改动：调换两个城市的位置。这不是扰乱行程的唯一方式。很难事先知道哪种扰动方法效果最好，但我们可以尝试几种。

另一种扰乱行程的自然方法是将行程的一部分颠倒过来：取一个城市子集，以相反的顺序进行访问。在 Python 中，我们用一行代码实现颠倒。以下代码展示了如何颠倒索引分别为 `small` 和 `big` 的两个城市之间所有城市的顺序：

```
small = 10
big = 20
itinerary =
[0,1,2,3,4,5,6,7,8,9,10,11,12,13,14,15,16,17,18,19,20,21,22,23,24,25,26,27,28,29, \
30,31,32,33,34,35,36,37,38,39]
itinerary[small:big] = itinerary[small:big][::-1]
print(itinerary)
```

运行这段代码,可以看到行程中城市 10 到 19 的顺序被颠倒:

```
[0, 1, 2, 3, 4, 5, 6, 7, 8, 9, 19, 18, 17, 16, 15, 14, 13, 12, 11, 10, 20, 21, 22, 23, 24,
25, 26, 27, 28, 29, 30, 31, 32, 33, 34, 35, 36, 37, 38, 39]
```

还有一种扰乱行程的方法是将行程的一部分从当前位置拎出来,然后挪到其他位置。例如,对下面这个行程:

```
itinerary = [0,1,2,3,4,5,6,7,8,9]
```

将 [1,2,3,4] 作为整体往后移动,得到新的行程:

```
itinerary = [0,5,6,7,8,1,2,3,4,9]
```

使用下面的 Python 代码段实现这种拎出和移动的操作,把选定的部分移动到一个随机位置:

```
small = 1
big = 5
itinerary = [0,1,2,3,4,5,6,7,8,9]
tempitin = itinerary[small:big]
del(itinerary[small:big])
np.random.seed(random_seed + 1)
neighborids3 = math.floor(np.random.rand() * (len(itinerary)))
for j in range(0,len(tempitin)):
    itinerary.insert(neighborids3 + j,tempitin[j])
```

修改 perturb() 函数,随机地交替使用这些不同的扰乱方法。为此,我们再定义一个 0 到 1 之间的随机数字。如果这个随机数处于某个范围(比如 0~0.45),则通过颠倒一个城市子集进行扰乱;如果处于另一个范围(比如 0.45~0.55),则通过调换两个城市的位置进行扰乱;如果处于最后一个范围(比如 0.55~1),则通过拎出和移动一个城市子集进行扰乱。这样，我们的 perturb() 函数可以在各种类型的扰乱方法之间随机交替。将这种随机选择和扰乱类型放入新函数 perturb_sa2()，如清单 6-5 所示。

```python
def perturb_sa2(cities,itinerary,time):
    neighborids1 = math.floor(np.random.rand() * (len(itinerary)))
    neighborids2 = math.floor(np.random.rand() * (len(itinerary)))
    
    itinerary2 = itinerary.copy()
    
    randomdraw2 = np.random.rand()
    small = min(neighborids1,neighborids2)
    big = max(neighborids1,neighborids2)
    if(randomdraw2 >= 0.55):
        itinerary2[small:big] = itinerary2[small:big][:: - 1]
    elif(randomdraw2 < 0.45):
        tempitin = itinerary[small:big]
        del(itinerary2[small:big])
        neighborids3 = math.floor(np.random.rand() * (len(itinerary)))
        for j in range(0,len(tempitin)):
            itinerary2.insert(neighborids3 + j,tempitin[j])
    else:
        itinerary2[neighborids1] = itinerary[neighborids2]
        itinerary2[neighborids2] = itinerary[neighborids1]
    
    distance1 = howfar(genlines(cities,itinerary))
    distance2 = howfar(genlines(cities,itinerary2))
    
    itinerarytoreturn = itinerary.copy()
    
    randomdraw = np.random.rand()
    temperature = 1/((time/1000) + 1)
    
    if((distance2 > distance1 and (randomdraw) < (temperature)) or (distance1 > distance2)):
        itinerarytoreturn = itinerary2.copy()
    
    return(itinerarytoreturn.copy())
```

清单 6-5：用几种不同的方法来扰乱行程

现在，我们的 perturb() 函数更加复杂、更加灵活；可以基于随机抽签的方式对行程进行几种不同类型的更改。灵活性不一定是值得追求的目标，而复杂性绝对不是。要判断这种情况（以及任何情况）下增加复杂性和灵活性是否值得，我们应该检查性能有没有提升。这就是调优的本质：就像给乐器调弦一样，你事先并不知道弦需要调紧到什么程度——你必须拉紧或松开一点，听听效果，然后再调整。测试这些更改（清单 6-5 中粗体代码），可以看到，与之前的代码相比，它们确实提高了性能。

避免重大退步

模拟退火的全部意义在于，我们需要做得更差才能做得更好。但是，我们要避免做出差太多的改动。在 perturb() 函数中设置的方法是，当随机选择的行程小于温度时，则接受较差的行程。使用下面的条件语句来实现（不要单独运行它）：

```
if((distance2 > distance1 and randomdraw < temperature) or (distance1 > distance2)):
```

可以改变条件，使得是否愿意接受一个更差的行程，不仅取决于温度，还取决于这个改动让行程变得多差。如果只是让更差一点而不是差很多，我们会更愿意接受它。为此，在条件中引入新行程有多差的度量。以下条件语句有效实现了这一点（也不要单独运行）：

```
scale = 3.5
if((distance2 > distance1 and (randomdraw) < (math.exp(scale*(distance1-distance2)) * temperature)) or (distance1 > distance2)):
```

把这个条件放到代码中，得到清单 6-6 的函数，下面只列出了 perturb() 函数的末尾部分。

```
--snip--
# beginning of perturb function goes here

    scale = 3.5
    if((distance2 > distance1 and (randomdraw) < (math.exp(scale * (distance1 - distance2))
* temperature)) or (distance1 > distance2)):
        itinerarytoreturn = itinerary2.copy()
```

```
return(itinerarytoreturn.copy())
```

允许重置

在模拟退火过程中，我们可能在不知不觉中接受了对行程明显不利的更改。这个时候，记下到目前为止遇到的最佳行程，允许算法在特定条件下重置到这个最佳行程，是很有帮助的。清单 6-6 提供了完整的模拟退火扰乱函数代码，其中新增部分加粗显示。

```
def perturb_sa3(cities,itinerary,time,maxitin):
    neighborids1 = math.floor(np.random.rand() * (len(itinerary)))
    neighborids2 = math.floor(np.random.rand() * (len(itinerary)))
    global mindistance
    global minitinerary
    global minidx
    itinerary2 = itinerary.copy()
    randomdraw = np.random.rand()

    randomdraw2 = np.random.rand()
    small = min(neighborids1,neighborids2)
    big = max(neighborids1,neighborids2)
    if(randomdraw2>=0.55):
        itinerary2[small:big] = itinerary2[small:big][::- 1 ]
    elif(randomdraw2 < 0.45):
        tempitin = itinerary[small:big]
        del(itinerary2[small:big])
        neighborids3 = math.floor(np.random.rand() * (len(itinerary)))
        for j in range(0,len(tempitin)):
            itinerary2.insert(neighborids3 + j,tempitin[j])
    else:
        itinerary2[neighborids1] = itinerary[neighborids2]
        itinerary2[neighborids2] = itinerary[neighborids1]

    temperature=1/(time/(maxitin/10)+1)

    distance1 = howfar(genlines(cities,itinerary))
    distance2 = howfar(genlines(cities,itinerary2))
```

```
        itinerarytoreturn = itinerary.copy()

    scale = 3.5
    if((distance2 > distance1 and (randomdraw) < (math.exp(scale*(distance1 - distance2))
* \temperature)) or (distance1 > distance2)):
        itinerarytoreturn = itinerary2.copy()

    reset = True
    resetthresh = 0.04
    if(reset and (time - minidx) > (maxitin * resetthresh)):
        itinerarytoreturn = minitinerary
        minidx = time

    if(howfar(genlines(cities,itinerarytoreturn)) < mindistance):
        mindistance = howfar(genlines(cities,itinerary2))
        minitinerary = itinerarytoreturn
        minidx = time

    if(abs(time - maxitin) <= 1):
        itinerarytoreturn = minitinerary.copy()

    return(itinerarytoreturn.copy())
```

清单 6-6：这个函数实现完整的模拟退火过程，并返回一个最优行程

　　这里，我们定义了几个全局变量：到目前为止得到的最短距离、实现最短距离对应的行程以及时间。如果过了很长时间都没有发现比最短距离更优的行程，我们可以得出结论，在那之后所做的更改是错误的，允许重置到原来的最佳行程。只有当尝试了很多扰动都不比原来的最小值更优的时候，才会重置，变量 `resetthresh` 定义等待多长时间进行重置。最后，我们添加了一个新参数 `maxitin`，告诉函数我们打算调用函数的总次数，以便知道我们在进程中的确切位置。温度函数也使用了 `maxitin`，因此温度曲线可以根据我们想要执行的扰动数量进行灵活调整。如果时间到了，就返回到目前为止最好的行程。

测试性能

　　我们已经做了以上编辑和改进，现在创建一个 `siman()`（模拟退火的缩写）函

数，创建全局变量，然后反复调用最新的 perturb()函数，最终得到一个旅行距离非常短的行程（清单6-7）。

```
def siman(itinerary,cities):
    newitinerary = itinerary.copy()
    global mindistance
    global minitinerary
    global minidx
    mindistance = howfar(genlines(cities,itinerary))
    minitinerary = itinerary
    minidx = 0

    maxitin = len(itinerary) * 50000
    for t in range(0,maxitin):
        newitinerary = perturb_sa3(cities,newitinerary,t,maxitin)

    return(newitinerary.copy())
```

清单6-7：这个函数执行完整的模拟退火过程，并返回一个最优行程

接下来，调用 siman() 函数，并将其结果与最近邻算法的结果进行比较：

```
np.random.seed(random_seed)
itinerary = list(range(N))
nnitin = donn(cities,N)
nnresult = howfar(genlines(cities,nnitin))
simanitinerary = siman(itinerary,cities)
simanresult = howfar(genlines(cities,simanitinerary))
print(nnresult)
print(simanresult)
print(simanresult/nnresult)
```

运行这段代码，我们发现最终的模拟退火函数产生了一个距离为 5.32 的行程。与最近邻算法 6.29 的行程距离相比，提高了 15%以上。这或许令人感到失望：花了十几页的篇幅来讨论这些困难，却只是将总距离减少了 15%。这个抱怨是合理的，因为你可能并不需要比最近邻算法更好的性能。但是想象一下，给 UPS 或 DHL 这样的全球物流公司的首席执行官提供一种方法，能将旅行成本降低 15%，这意味着数十亿美元。在世界上的每一个行业，物流仍然是高成本和环境污染的主要因素，如

何很好地解决 TSP 问题，总是存在很大的实际差异。此外，作为对比优化方法的基准和研究先进理论思想的门户，TSP 在学术上具有极其重要的意义。

运行 plotitinerary(cities,simanitinerary,'Traveling Salesman Itinerary - Simulated Annealing','figure5')，将模拟退火的最终结果绘制成图 6-5。

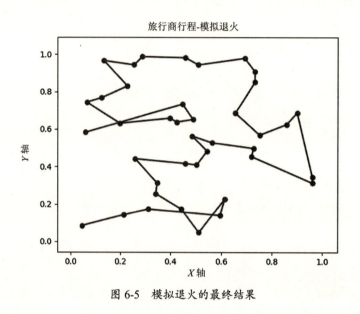

图 6-5　模拟退火的最终结果

一方面，它只是一个随机生成的点之间的连线图。另一方面，它是我们在无数次迭代中不断追求完美的优化结果，从这个角度来说，它是美丽的。

小结

这一章我们讨论了高级优化的一个案例——旅行商问题。我们讨论了解决这个问题的几种方法，包括蛮力搜索、最近邻搜索，以及模拟退火（它是一种强大的解决方案，通过做得更差来做得更好）。我希望通过研究 TSP 这样的难题，你得到了可以应用于其他优化问题的技能。在商业和科学领域，始终存在高级优化的实际需求。

下一章，我们将注意力转向几何学，考查关于几何操作和构造的强大算法。让我们继续冒险吧！

7

几何学

我们人类对几何学有着深刻而直观的理解。每次推着沙发穿过走廊，玩"画图猜词"（Pictionary）游戏，或者判断高速公路上另一辆车的距离，我们都在进行某种几何推理，通常依赖于我们不知不觉就会的算法。现在，如果说高等几何天生就适合算法推理，你不会感到惊讶。

在本章中，我们将使用几何算法来解决邮政局长问题。首先是问题描述，然后看看如何使用 Voronoi 图来解决。接下来解释如何用算法生成这个解决方案。

邮政局长问题

想象你是本杰明·富兰克林（Benjamin Franklin），你被任命为一个新国家的首任邮政局长。随着国家的发展，随意建立了很多独立的邮局（Post Office），你的工作就是把这些混乱的邮局变成一个运作良好的整体。如图 7-1 所示，假设城镇的住户之间有 4 个邮局。

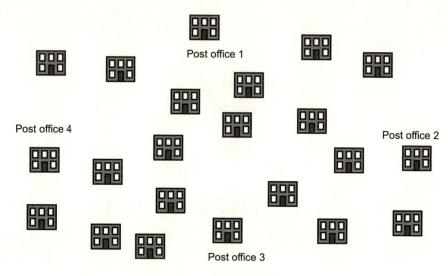

图 7-1 城镇及邮局

之前，你的新国家没有邮政局长，也没有优化邮局投递的监管。可能邮局 4 被分配到离邮局 2 和 3 更近的家庭，而邮局 2 被分配到离邮局 4 更近的家庭，如图 7-2 所示。

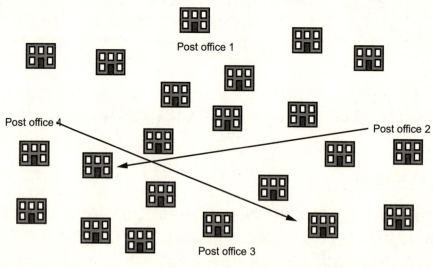

图 7-2 邮局 2 和 4 的低效率分配

你可以重新安排投递任务，让每个家庭都能从理想的邮局收到邮件。投递任务的理想邮局可能是员工最空闲的邮局，或者它有一个适合地区遍历的设备，或者具备找到地区内所有地址的机构性知识。当然，投递任务的理想邮局也可能就是离得最近的那个。你可能注意到，这很像旅行商问题（TSP），至少从某种意义上说，都是在地图上移动，并希望减少不得不移动的距离。然而，TSP 是对一个旅行者、一组路线的顺序进行优化，而这里是很多邮递员对很多路线的分配进行优化。事实上，这个问题和 TSP 可以相继解决，以获得最大的收益：首先分配哪个邮局应该投递到哪个家庭，然后针对每个邮递员使用 TSP 来决定访问这些家庭的顺序。

这个问题被称为邮政局长问题（postmaster problem），最简单的解决办法是，依次考虑每个房子，计算每个房子分别到 4 个邮局的距离，然后分配最近的邮局负责投递这个房子。

这个方法有一些缺点。首先，对于新建的房子，它没有提供简单的分配方法；每个新建的房子都要同样麻烦地与每一个邮局进行比较。其次，单个房子层面的计算无法了解整个地区的情况。例如，整个社区都离一个邮局最近、离其他所有邮局都很远。最好是立刻得出结论，整个社区都应该由同一家附近的邮局提供服务。但不幸的是，这个方法需要我们对每一个房子进行重复计算，而每次都得到相同的结果。

如果我们能通过某种方式对整个社区或地区进行概括，那么计算每个房子的距离就会导致重复计算。在人口数千万、邮局数量众多、建设速度快的特大城市，正如今天我们在世界各地看到的那样，这种方法非常慢而且很费计算资源。

一种更优雅的方法是将地图视为一个整体，将其划分为不同的区域，每个区域表示一个邮局分配的服务区域。我们只需要画两条直线，就能解决这个问题（图 7-3）。

我们画的是最接近区域，即对每个房子、点和像素来说，处于同一个区域的邮局就是最近的邮局。现在，整个区域被细分了，我们可以很容易地将任何新房子分配到最近的邮局，只需检查它处于哪个地区即可。

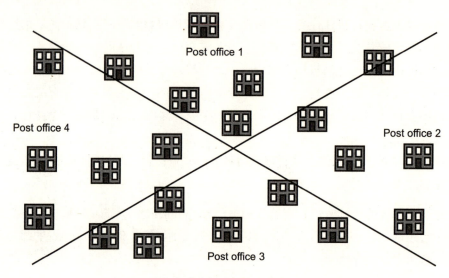

图 7-3 划分为最佳邮政投递区域的 Voronoi 图

像这样将区域细分为最接近区域的图,称为 Voronoi 图。Voronoi 图有很久远的历史,可以追溯到勒内·笛卡儿。过去它们被用于分析伦敦的水泵位置,为霍乱的传播提供证据,至今仍然被用于物理学和材料学中表示晶体结构。本章将介绍任意点集的 Voronoi 图生成算法,解决邮政局长问题。

三角形基础

让我们先从这个算法的最简单元素开始。这里研究的是几何,最简单的分析元素是点。用两个元素构成的列表来表示点:x 坐标和 y 坐标,例如:

```
point = [0.2,0.8]
```

接下来更复杂一点,我们将点组合成三角形。用三个点构成的列表来表示一个三角形:

```
triangle = [[0.2,0.8],[0.5,0.2],[0.8,0.7]]
```

再定义一个帮助函数,将三个点转换成一个三角形。这个小函数所做的就是将三个点放到一个列表然后返回这个列表：

```
def points_to_triangle(point1,point2,point3):
    triangle = [list(point1),list(point2),list(point3)]
    return(triangle)
```

这将有助于三角形的可视化。我们创建一个简单的函数，以任意三角形为输入，并绘制它。首先，使用第 6 章中定义的 genlines() 函数。记住，这个函数以点的集合为输入，并将它们转换为线。这是一个非常简单的函数，只是将点添加到 lines 列表：

```
def genlines(listpoints,itinerary):
    lines = []
    for j in range(len(itinerary)-1):
        lines.append([listpoints[itinerary[j]],listpoints[itinerary[j+1]]])
    return(lines)
```

接下来，创建简单的绘图函数。输入一个三角形，将它分割成 x 值和 y 值，基于这些值调用 genlines() 创建一个线集合，绘制点和线，最后将图形保存到一个.png文件。使用 pylab 模块进行绘图，使用 matplotlib 模块创建行集合。清单 7-1 展示了这个函数。

```
import pylab as pl
from matplotlib import collections as mc
def plot_triangle_simple(triangle,thename):
    fig, ax = pl.subplots()

    xs = [triangle[0][0],triangle[1][0],triangle[2][0]]
    ys = [triangle[0][1],triangle[1][1],triangle[2][1]]

    itin=[0,1,2,0]

    thelines = genlines(triangle,itin)

    lc = mc.LineCollection(genlines(triangle,itin), linewidths=2)

    ax.add_collection(lc)

    ax.margins(0.1)
```

```
pl.scatter(xs, ys)
pl.savefig(str(thename) + '.png')
pl.close()
```

清单 7-1：绘制三角形的函数

现在，我们指定三个点，将它们转换成一个三角形，然后用一行代码绘制三角形：

```
plot_triangle_simple(points_to_triangle((0.2,0.8),(0.5,0.2),(0.8,0.7)),'tri')
```

输出结果如图 7-4 所示。

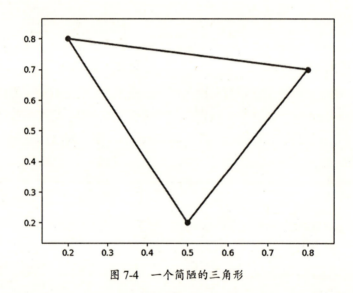

图 7-4　一个简陋的三角形

定义一个函数，利用勾股定理计算任意两点之间的距离，这很有用：

```
def get_distance(point1,point2):
    distance = math.sqrt((point1[0] - point2[0])**2 + (point1[1] - point2[1])**2)
    return(distance)
```

最后，提醒一下几何学中一些常见术语的含义：

平分（Bisect）

把一条线段分成两个相等的线段。把一条线段平分就是找到它的中点。

等边（Equilateral）

意思是"相等的边"。用于描述所有边的长度相等。

正交（Perpendicular）

描述成90度夹角的两条直线相交的方式。

顶点（Vertex）

某个形状的两条边相交，形成的点。

高级研究生级的三角形知识

科学家兼哲学家戈特弗里德·威廉·莱布尼茨（Gottfried Wilhelm Leibniz）认为，我们的世界是所有可能世界中最好的，因为它"假设最简单，现象最丰富"。他认为，科学规律可以归结为一些简单的规则，而这些规则使我们所观察到的世界复杂多样且美丽。或许宇宙不是这样的，但三角形确实如此。从极其简单的假设（三条边构成一个形状）开始，我们进入了一个现象极其丰富的世界。

寻找外心

观察三角形世界中丰富的现象，首先考虑以下简单算法，对任意三角形：

1. 求三角形每条边的中点。

2. 从三角形的每个顶点到对边的中点画一条线。

按照这个算法，得到如图 7-5 所示的结果。

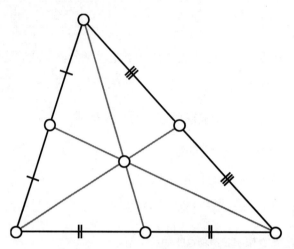

图 7-5 三角形的质心（Triangle centroid，源自：Wikimedia Commons）

值得注意的是，所有线相交于一点，看起来就像三角形的"中心"。给定任意三角形，这三条线都相交于一点。它们相交的点通常称为三角形的质心（centroid），它总是在三角形内部的某个地方，看起来可以称作三角形的中心。

有些形状有一个点叫作中心，比如圆形。但三角形不是这样的：质心是一个中心点，但还有其他点也可以作为中心。对任意三角形，考虑这个新算法：

1. 将三角形的每一条边等分。

2. 过每条边的中点画一条垂线。

跟画质心不一样，这些线通常不会穿过顶点。比较图 7-5 和图 7-6。

注意，所有线又相交于一点，通常在三角形内部，但这个点不是质心。这个点还有一个有趣的性质：它是穿过三角形三个顶点的唯一圆的圆心。这是三角形的另一个丰富现象：每个三角形都有一个穿过所有三个顶点的唯一的圆。这个圆称为外接圆（circumcircle），因为它外接这个三角形。我们刚刚描绘的算法找到了外接圆的圆心。因此，这三条线的交点叫作外心（circumcenter）。

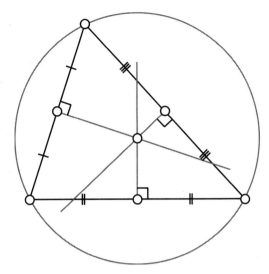

图 7-6 三角形的外心（Triangle circumcenter，源自：Wikimedia Commons）

跟质心一样，外心也可以作为三角形的中心，但三角形的中心可不止这些——百科全书（网址见链接列表 7.1 条目）列出了 40 000 个（到目前为止）出于这样那样的原因可以称作三角形中心的点。正如百科全书所说，三角形中心的特点是"对无限个对象都成立，而只公布了有限个对象"。值得注意的是，从三个简单的点和三条边开始，我们得到了关于唯一中心的潜在无穷的百科全书——莱布尼茨会很高兴的。

我们写一个函数，对任意给定三角形求它的外心和外接圆半径。这个函数需要复数转换。以一个三角形作为输入，返回一个圆心和一个半径作为输出：

```
def triangle_to_circumcenter(triangle):
    x,y,z =    complex(triangle[0][0],triangle[0][1]),    complex(triangle[1][0],triangle[1][1]), \
    complex(triangle[2][0],triangle[2][1])
    w = z - x
    w /= y - x
    c = (x-y) * (w-abs(w)**2)/2j/w.imag - x
    radius = abs(c + x)
    return((0 - c.real,0 - c.imag),radius)
```

关于这个函数如何计算圆心和半径的具体细节很复杂。这里我们不详细讨论，但如果你愿意，我鼓励你自己研究代码。

提升绘图能力

现在我们为每个三角形找到外心和外接圆半径,改进 plot_triangle()函数,让它可以绘制所有东西。清单 7-2 展示了这个新函数。

```python
def plot_triangle(triangles,centers,radii,thename):
    fig, ax = pl.subplots()
    ax.set_xlim([0,1])
    ax.set_ylim([0,1])
    for i in range(0,len(triangles)):
        triangle = triangles[i]
        center = centers[i]
        radius = radii[i]
        itin = [0,1,2,0]
        thelines = genlines(triangle,itin)
        xs = [triangle[0][0],triangle[1][0],triangle[2][0]]
        ys = [triangle[0][1],triangle[1][1],triangle[2][1]]

        lc = mc.LineCollection(genlines(triangle,itin), linewidths = 2)

        ax.add_collection(lc)
        ax.margins(0.1)
        pl.scatter(xs, ys)
        pl.scatter(center[0],center[1])

        circle = pl.Circle(center, radius, color = 'b', fill = False)

        ax.add_artist(circle)
    pl.savefig(str(thename) + '.png')
    pl.close()
```

清单 7-2:改进的 plot_triangle()函数,绘制外心和外接圆半径

首先添加两个新参数:centers 变量,它是所有三角形外心的列表;还有 radii 变量,它是每个三角形的外接圆半径的列表。注意我们使用列表作为参数,因为这个函数要绘制多个三角形而不是一个三角形。使用 pylab 绘制圆形。稍后,我们同时处理多个三角形。需要一个可以绘制多个而不是一个三角形的绘图函数。在绘图函数中建一个循环,遍历每个三角形和外心,并依次绘制它们。

定义一个三角形列表，然后调用这个函数：

```
triangle1 = points_to_triangle((0.1,0.1),(0.3,0.6),(0.5,0.2))
center1,radius1 = triangle_to_circumcenter(triangle1)
triangle2 = points_to_triangle((0.8,0.1),(0.7,0.5),(0.8,0.9))
center2,radius2 = triangle_to_circumcenter(triangle2)
plot_triangle([triangle1,triangle2],[center1,center2],[radius1,radius2],'two')
```

输出结果如图 7-7 所示。

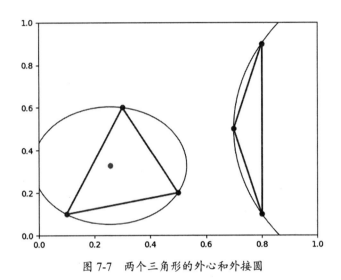

图 7-7　两个三角形的外心和外接圆

注意，第一个三角形很接近等边三角形。它的外接圆很小，圆心在它的内部。第二个三角形是窄的三角形。它的外接圆很大，外心远远超出了绘图边界。两个三角形都有一个唯一的外接圆，不同外形的三角形其外接圆类型不同。探索不同的三角形形状及其外接圆是值得的。稍后，这些三角形外接圆之间的差异很重要。

Delaunay 三角剖分

我们已经为本章的第一个重要算法做好了准备。它以一组点作为输入，返回一组三角形作为输出。在这种情况下，将一组点转换成一组三角形的过程就是三角剖分（triangulation）。

本章开头部分定义的 points_to_triangle() 函数是最简单的三角剖分算法。但是它非常有限，只有当恰好输入三个点才有效。三个点的三角剖分只有一种方式：输出一个恰好由这三个点组成的三角形。而对于三个以上的点，毫无疑问，存在不止一种三角剖分方法。如图 7-8 所示，考虑两种不同的方法对同样的 7 个点进行三角剖分。

图 7-8　用两种不同的方法对 7 个点进行三角剖分（来源：Wikimedia Commons）

事实上，有 42 种可能的方法来三角化这个正七边形（图 7-9）。

图 7-9　用 42 种方法对 7 个点进行三角剖分（来源：Wikimedia）

如果超过 7 个点，而且位置不规律，那么可能的三角剖分数量可以上升到惊人的程度。

我们可以用笔和纸把这些点连起来，手工完成三角剖分。毫无疑问，使用算法可以更好更快地完成。

有几种不同的三角剖分算法。有些是为了快速运行，有些是为了简单，还有一些是为了生成具有特定属性的三角剖分。我们这里要讲的是 Bowyer-Watson 算法，它以一组点作为输入，输出一个 Delaunay 三角剖分。

Delaunay 三角剖分（Delaunay Triangulation，DT）旨在避免狭长的三角形，倾向于输出接近等边的三角形。记住，等边三角形的外接圆相对较小，而狭长三角形的外接圆相对较大。从技术上说，给定一组点，DT 是一种连接所有点的三角形集合，满足：每个点都不在任意一个三角形的外接圆内。狭长三角形的大外接圆很可能包含了给定点集的一个或多个点，所以规定任何点都不能位于任何外接圆内，能够得到相对较少的狭长三角形。如果还不理解，不要担心——下一节我们将看到图形。

增量生成 Delaunay 三角剖分

我们的最终目标是编写一个函数：输入任意点集，输出完整的 Delaunay 三角剖分。让我们从简单的开始：编写一个函数，输入 n 个点的 DT 和一个要加进去的点，然后输出 $n+1$ 个点的 DT。有了这个 "Delaunay 扩展" 函数，离写出完整的 DT 函数非常接近了。

注意

本节中的示例和图片来自 LeatherBee（网址见链接列表 7.2 条目）

首先，假设我们已经有 9 个点的 DT，如图 7-10 所示。

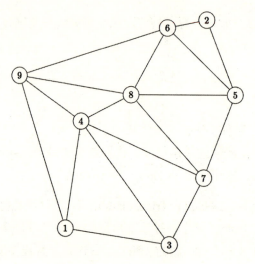

图 7-10 9 个点构成的 DT

现在假设我们想要在 DT 中添加第 10 个点（图 7-11）。

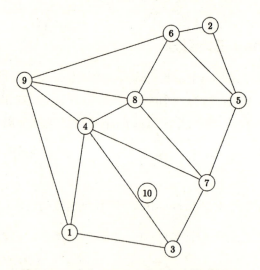

图 7-11 9 个点 DT 以及要添加的第 10 个点

DT 只有一个规则：任何点都不能在任意三角形的外接圆内。所以，检查当前 DT 的每个顶点的外接圆，确定第 10 个点是否在任意一个外接圆内。我们发现第 10 个点位于 3 个三角形的外接圆之内（图 7-12）。

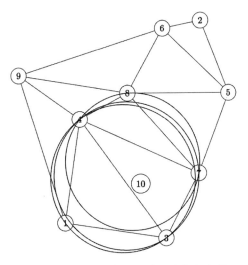

图 7-12 该 DT 中 3 个三角形的外接圆都包含第 10 个点

这些三角形不允许出现在 DT 中,所以我们将它们删掉,得到图 7-13。

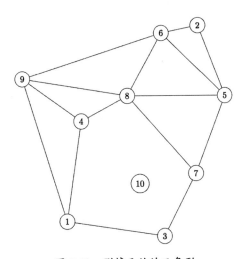

图 7-13 删掉无效的三角形

还没结束呢。我们需要把这个洞填上,确保第 10 个点与其他点正确连接。否则就只是点和线,不是三角形集合。连接第 10 个点的方法可以简单地描述为:对于第 10 个点所处的最大空多边形,在点 10 和其他每个点之间都添加一条边(图 7-14)。

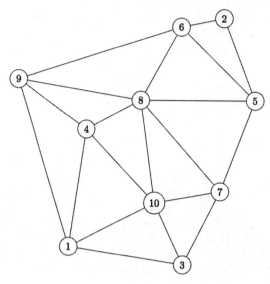

图 7-14 通过重新连接有效三角形完成 10 个点 DT

瞧！我们从 9 个点的 DT 开始，添加了一个新的点，现在得到了 10 个点的 DT。这个过程看起来很简单。不幸的是，人眼看起来清晰直观的东西，编代码的时候却很棘手，几何算法经常如此。但是，勇敢的冒险家们，不能因此却步。

实现 Delaunay 三角网

假设我们已经有了 DT，命名为 `delaunay`，其实就是一组三角形。甚至可以从一个三角形开始：

```
delaunay = [points_to_triangle((0.2,0.8),(0.5,0.2),(0.8,0.7))]
```

然后，定义一个想要添加的点，命名为 `point_to_add`：

```
point_to_add = [0.5,0.5]
```

我们首先需要确定现有 DT 中哪些三角形（如果有的话）的外接圆包含 `point_to_add`，它们是无效的。我们要做以下事情：

1. 使用一个循环来迭代现有 DT 中的每个三角形。

2. 对于每个三角形，求其外接圆的圆心和半径。

3. 求 point_to_add 和这个外心之间的距离。

4. 如果这个距离小于外接圆半径，那么新的点就在三角形的外接圆内。我们得出结论，这个三角形是无效的，需要从 DT 中删掉。

通过下面的代码段完成这些步骤：

```
import math
invalid_triangles = []
delaunay_index = 0
while delaunay_index < len(delaunay):
    circumcenter,radius = triangle_to_circumcenter(delaunay[delaunay_index])
    new_distance = get_distance(circumcenter,point_to_add)
    if(new_distance < radius):
        invalid_triangles.append(delaunay[delaunay_index])
    delaunay_index += 1
```

这段代码创建了一个空列表 invalid_triangle，循环遍历现有 DT 中的每个三角形，检查它们是否无效。检查 point_to_add 和圆心之间的距离是否小于外接圆的半径。如果三角形是无效的，则将它添加到 invalid_triangles 列表。

现在我们得到了一个无效三角形的列表。既然是无效的，删除即可。最后，还需要在 DT 中添加新三角形。为此，创建无效三角形的顶点列表，这些点将会出现在新的有效三角形中。

执行以下代码，不仅从 DT 中删除了所有无效三角形，还得到了组成这些三角形的点集合。

```
points_in_invalid = []

for i in range(len(invalid_triangles)):
    delaunay.remove(invalid_triangles[i])
    for j in range(0,len(invalid_triangles[i])):
        points_in_invalid.append(invalid_triangles[i][j])

❶ points_in_invalid = [list(x) for x in set(tuple(x) for x in points_in_invalid)]
```

首先创建一个空列表 points_in_invalid。然后，循环执行 invalid_triangle，使用 Python 的 remove() 方法从现有 DT 中依次删掉每个无效三角形。然后将三角形的每个点，添加到 points_in_invalid 列表。最后，由于我们可能在 points_in_invalid 列表重复添加了一些点，使用列表推导（list comprehension）❶重新创建仅含唯一值的 points_in_invalid。

算法的最后一步最棘手。我们必须添加新的三角形来替换无效三角形。每个新三角形都有一个顶点来自 point_to_add，还有两个顶点来自现有 DT。但是，我们不能将所有 point_to_add 和两个已有点的可能组合都加进来。

在图 7-13 和图 7-14 中，我们要添加的新三角形都是一个顶点是 10，另外两个顶点来自空多边形。或许看上去挺简单，但编写代码并不简单。

我们需要找到一个方便用 Python 的超字面化风格进行解释的简单几何规则。考虑生成图 7-14 的新三角形的规则。在数学里，我们可以找到多个等价的规则集。由于三角形的定义是由三个点组成的集合，可以得到与点相关的规则。由于三角形的另一个等价定义是由三条线段组成的集合，又可以得到与线相关的规则。任意规则都可以；而我们想要最容易理解、编程最简单的规则。一种可能的规则是：考虑无效三角形的点与 point_to_add 的所有可能组合，但只有当不含 point_to_add 的边在无效三角形列表恰好出现一次，我们才添加这个三角形。这个规则是可行的，因为恰好出现一次就是新点周围的空多边形的边（见图 7-13，即连接点 1、4、8、7 和 3 的多边形的边）。

以下代码实现了这个规则：

```
for i in range(len(points_in_invalid)):
    for j in range(i + 1,len(points_in_invalid)):
        #count the number of times both of these are in the bad triangles
        count_occurrences = 0
        for k in range(len(invalid_triangles)):
            count_occurrences += 1 * (points_in_invalid[i] in invalid_triangles[k]) * \
            (points_in_invalid[j] in invalid_triangles[k])
        if(count_occurrences == 1):
            delaunay.append(points_to_triangle(points_in_invalid[i], points_in_invalid[j], \
point_to_add))
```

这里我们循环遍历 points_in_invalid 的每个点。对每个点，依次遍历 points_in_invalid 的下一个点。这个双循环能够考虑无效三角形中两个点的所有组合。对于每个组合，遍历所有无效三角形，计算这两个点同时在无效三角形中的次数。如果它们恰好在一个无效三角形中，那么我们说它们应该在一个新三角形中，并向 DT 添加由这两个点和新的点组成的新三角形。

我们已经完成了向现有 DT 添加新点所需的步骤。即对 n 个点的 DT，添加一个新点，最后得到 $n+1$ 个点的 DT。现在，我们要学习如何利用这个方法对 n 个点，从头构建 DT，从 0 个点一直到 n 个点。一旦有了 DT 就简单了：只需要一遍又一遍地循环从 n 个点到 $n+1$ 个点的过程，直到我们把所有的点都添加进去。

还有一个问题。原因稍后再讨论，我们想要在生成 DT 的点集合中再添加三个点。这些点离已有的点非常远：找到最左上方的点，添加一个更左上的新点，接着找到最右下和最左下的点，以类似的方式添加两个新点。把这些点连起来，作为 DT 的第一个三角形。然后，我们将这个三点 DT 变成四点 DT，再变成五点 DT，以此类推，直到把所有的点都加进去。

如清单 7-3 所示，结合前面的代码来创建一个 gen_delaunay() 函数，该函数以一组点作为输入，输出一个完整的 DT。

```
def gen_delaunay(points):
    delaunay = [points_to_triangle([-5,-5],[-5,10],[10,-5])]
    number_of_points = 0

    while number_of_points < len(points): ❶
        point_to_add = points[number_of_points]

        delaunay_index = 0

        invalid_triangles = [] ❷
        while delaunay_index < len(delaunay):
            circumcenter,radius = triangle_to_circumcenter(delaunay[delaunay_index])
            new_distance = get_distance(circumcenter,point_to_add)
            if(new_distance < radius):
                invalid_triangles.append(delaunay[delaunay_index])
```

7　几何学

```
            delaunay_index += 1

        points_in_invalid = [] ❸
        for i in range(0,len(invalid_triangles)):
            delaunay.remove(invalid_triangles[i])
            for j in range(0,len(invalid_triangles[i])):
                points_in_invalid.append(invalid_triangles[i][j])
        points_in_invalid = [list(x) for x in set(tuple(x) for x in points_in_invalid)]

        for i in range(0,len(points_in_invalid)): ❹
            for j in range(i + 1,len(points_in_invalid)):
                #count the number of times both of these are in the bad triangles
                count_occurrences = 0
                for k in range(0,len(invalid_triangles)):
                    count_occurrences += 1 * (points_in_invalid[i] in invalid_triangles[k]) * \
                        (points_in_invalid[j] in invalid_triangles[k])
                if(count_occurrences == 1):
                    delaunay.append(points_to_triangle(points_in_invalid[i], \
points_in_invalid[j], point_to_add))

        number_of_points += 1

    return(delaunay)
```

清单 7-3：输入一组点并返回 Delaunay 三角剖分的函数

如上所述，完整的 DT 生成函数首先在最外面添加一个新三角形。然后循环遍历点集合中的每一个点❶。对于每个点，创建一个无效三角形列表：即 DT 中那些外接圆包含当前点的三角形❷。从 DT 中删掉无效三角形，并将无效三角形的每个点创建为一个点集合❸。然后，使用这些点添加新三角形，这些三角形遵循 Delaunay 三角剖分的规则❹。整个过程以增量的方式完成，使用的都是我们介绍过的代码。最后，返回 delaunay，这是一个构成 DT 的三角形集合的列表。

简单调用这个函数，生成任意点集合的 DT。在下面的代码中，指定数字 N，并生成 N 个随机点（x 和 y 值）。然后，压缩 x 和 y 值，把它们放入一个列表，作为参数传递给 gen_delaunay() 函数，即得到一个完整的、有效的 DT，我们将其存储为 the_delaunay 变量：

```
N=15
import numpy as np
np.random.seed(5201314)
xs = np.random.rand(N)
ys = np.random.rand(N)
points = zip(xs,ys)
listpoints = list(points)
the_delaunay = gen_delaunay(listpoints)
```

下一节，我们将使用 the_delaunay 生成一个 Voronoi 图。

从 Delaunay 到 Voronoi

现在我们已经完成了 DT 生成算法，Voronoi 图生成算法尽在掌握之中了。我们可以通过以下算法将一组点转换成 Voronoi 图：

1. 找到一组点的 DT。

2. 取 DT 中每个三角形的外心。

3. 画出 DT 中共享边的所有三角形的外心的连线。

我们已经知道如何完成第一步（参见上一节），而完成第二步可以使用 triangle_to_circumference() 函数。那么，我们只需要一个能够实现第 3 步的代码段即可。

我们将在绘图函数中实现步骤 3。记住，函数的输入是一组三角形和外心。我们的代码将要创建一个连接外心的线集合。但不是连接所有圆心，而是只连接共享边的三角形的外心。

把三角形存储为点的集合，而不是边的集合。不过检查两个三角形是否共享边仍然很容易；只需要检查它们是否恰好共享两个点：如果它们只共享一个点，则它们有顶点相交，但没有公共边；如果它们共享三个点，它们就是同一个三角形，即外心相同。我们的代码遍历每个三角形，对于每个三角形，再次遍历每个三角形，检查这两个三角形共享顶点的个数。如果公共点的个数正好是 2，则在这两个三角形的外心之间添加一条线。圆心之间的线就是 Voronoi 图的边界。下面的代码片段展示了如何遍历三角形，注意这是绘图函数的一部分，先不要运行它：

```
--snip--
for j in range(len(triangles)):
    commonpoints = 0
    for k in range(len(triangles[i])):
        for n in range(len(triangles[j])):
            if triangles[i][k] == triangles[j][n]:
                commonpoints += 1
    if commonpoints == 2:
        lines.append([list(centers[i][0]),list(centers[j][0])])
```

这段代码将添加到绘图函数，因为我们的最终目标是绘制 Voronoi 图。

在此过程中，我们可以为绘图函数添加一些其他有用的功能。新的绘图函数如清单 7-4 所示，更改部分以粗体显示：

```
plottriangles,plotvoronoi,plotvpoints,thename):
    fig, ax = pl.subplots()
    ax.set_xlim([-0.1,1.1])
    ax.set_ylim([-0.1,1.1])

    lines=[]
    for i in range(0,len(triangles)):
        triangle = triangles[i]
        center = centers[i][0]
        radius = centers[i][1]
        itin = [0,1,2,0]
        thelines = genlines(triangle,itin)
        xs = [triangle[0][0],triangle[1][0],triangle[2][0]]
        ys = [triangle[0][1],triangle[1][1],triangle[2][1]]

        lc = mc.LineCollection(genlines(triangle,itin), linewidths=2)
        if(plottriangles):
            ax.add_collection(lc)
        if(plotpoints):
            pl.scatter(xs, ys)

        ax.margins(0.1)
```

```
❶ if(plotvpoints):
      pl.scatter(center[0],center[1])

  circle = pl.Circle(center, radius, color = 'b', fill = False)
  if(plotcircles):
      ax.add_artist(circle)

❷ if(plotvoronoi):
      for j in range(0,len(triangles)):
          commonpoints = 0
          for k in range(0,len(triangles[i])):
              for n in range(0,len(triangles[j])):
                  if triangles[i][k] == triangles[j][n]:
                      commonpoints += 1
          if commonpoints == 2:
              lines.append([list(centers[i][0]),list(centers[j][0])])

  lc = mc.LineCollection(lines, linewidths = 1)

  ax.add_collection(lc)

pl.savefig(str(thename) + '.png')
pl.close()
```

清单 7-4：绘制三角形、外心、外接圆、Voronoi 点和 Voronoi 边界的函数

首先，引入新参数指定我们想要绘制的内容。记住，在这一章中，我们已经学习了点、边、三角形、外接圆、外心、DT 和 Voronoi 边界。把这些全部画在一起看着很难，我们用 `plotcircles` 指定是否要画圆，`plotpoints` 指定是否要画点集合，`plottriangles` 指定是否要画 DT，`plotvoronoi` 指定是否绘制 Voronoi 图的边，`plotvpoints` 指定是否绘制外心（即 Voronoi 图的边的顶点）。新增部分以粗体显示。❶如果我们指定了这些参数，那么还需要绘制 Voronoi 的顶点（即外心）。还要绘制 Voronoi 的边❷。我们还指定了一些 `if` 语句，根据喜好绘制或不绘制三角形、顶点和外接圆。

我们差不多准备好调用这个绘图函数查看最终的 Voronoi 图。但是，首先要得到 DT 中每个三角形的外心。幸运的是，这很简单。创建一个空列表 `circumcenters`，

7　几何学　**153**

将 DT 中每个三角形的外心添加到这个列表，如下：

```
circumcenters = []
for i in range(0,len(the_delaunay)):
    circumcenters.append(triangle_to_circumcenter(the_delaunay[i]))
```

最后，调用绘图函数，指定想要绘制的 Voronoi 边界：

```
plot_triangle_circum(the_delaunay,circumcenters,False,True,False,True,False,'final')
```

结果如图 7-15 所示。

短短几秒钟我们就把一组点转换成了 Voronoi 图。可以看到 Voronoi 图的边界一直延伸到绘图区的边缘。如果加大绘图区的尺寸，Voronoi 的边还会继续延伸。记住，Voronoi 边是 DT 中三角形外心的连线。但是如果 DT 中的点很少，都在绘图区中间且离得很近，那么所有外心就都在绘图区中间一个很小的区域。如果出现这种情况，Voronoi 图的边就不会延伸到绘图区的边缘。因此，我们在 gen_delaunay() 函数的第一行加了一个外部三角形；这个三角形的点离绘图区很远，确保 Voronoi 的边总会延伸到边缘，因此（比方说）就能知道分配哪个邮局去负责城市边缘内外的新建郊区。

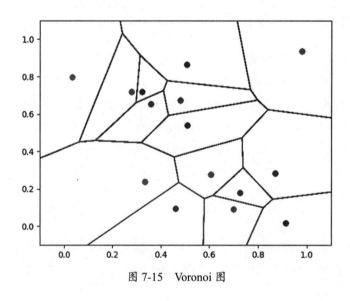

图 7-15　Voronoi 图

最后，尽情试试这个绘图函数吧。例如，如果所有输入参数都设置为 True，可以生成一个混乱但美丽的图，它包含了本章讨论的所有元素：

```
plot_triangle_circum(the_delaunay,circumcenters,True,True,True,True,True,'everything')
```

输出结果如图 7-16 所示。

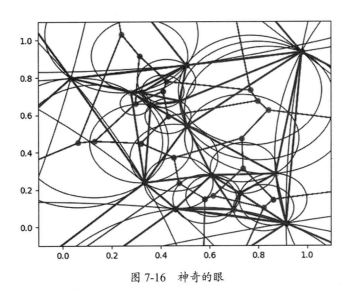

图 7-16　神奇的眼

你可以用这张图片来说服你的室友和家人，让他们相信你正在为欧洲核子研究中心（CERN）做高度机密的粒子碰撞分析工作，或者你也可以作为蒙德里安的精神继承人用这张图片申请艺术奖学金。观察这个 Voronoi 图及其 DT 和外接圆，可以想象邮局、水泵、晶体结构，或任何其他 Voronoi 图的可能应用。或者就想象点、三角形和直线，陶醉于几何的纯粹乐趣之中。

小结

本章介绍了几何推理的编程方法。我们从画简单的点、线和三角形开始。接着讨论了寻找三角形中心的不同方法，以及如何为任意点集生成 Delaunay 三角剖分。最后，介绍使用 Delaunay 三角剖分生成 Voronoi 图的简单步骤，Voronoi 图可用于解决邮政局长问题，对任何其他应用都是有用的。从某些方面来说它们是复杂的，但归根结底都是点、线和三角形这样的基本操作。

在下一章，我们将讨论语言方面的算法。特别地，我们将讨论如何使用算法来纠正文本中缺少的空格，以及如何编写程序来预测自然短语中接下来应该出现什么词。

语言

这一章我们步入人类语言的混乱世界。首先，我们讨论语言和数学的区别，这些区别使语言类算法很难。接着构建一个空间插入算法，对任意语言任意文本，在任意地方插入缺失的空格。然后，构建一个短语完成算法，模仿作者的风格，找到短语中最适合的下一个单词。

    本章的算法在很大程度上依赖于前面没有用过的两个工具：列表推导和语料库。列表推导（list comprehension）基于循环和迭代的逻辑快速生成列表。它们在 Python 中运行速度非常快，易于编写，简洁，但可能很难阅读，需要一些时间来习惯其语法。语料库（corpus）是一个文本库，将我们想要使用的语言和风格"教"给算法。

为什么语言类算法很难

    算法思维在语言上的应用起码可以追溯到笛卡儿，他留意到但凡有算术基础的人都知道如何创造或解释他们从未见过的数字，哪怕数字是无限个。例如，也许你从来没有遇到过 14 326 这个数字——从没数到那么大的数，从没看过那么多钱的财务报告，也从没在键盘上精确地打过这个数字。但我相信你很容易理解它到底有多大，哪些数字比它大或小，以及如何在方程中计算。

为了轻松理解至今无法想象的数字，简单的算法是，按顺序组合10个数字（0~9）及其位置体系。我们知道 14 326 比 14 325 大 1，因为数字 6 的顺序在数字 5 之后，它们在各自的数字中占据相同的位置，而其他所有位置的数字都是相同的。知道了这些数字和位置体系，我们就能立刻知道 14 326 和 14 325 有多相似，而且都比 12 大、比 1 000 000 小。我们也可以一眼看出，14 326 在某些方面与 4326 相似，但它们在大小上有很大差异。

而语言不一样。如果你正在学习英语，第一次看到 stage 这个词，无法通过发现它与 stale、stake、state、stave、stade 或 sage 之间的相似性来可靠地推断它的含义，哪怕这些单词之间的差异就好比 14325 和 14326 那样。你也不能因为音节和字符的数量就认为 bacterium 比 elk 大。即使是我们认为可靠的语言规则，比如在英语中加 s 构成复数形式，会让我们误以为"princes"（王子）是"princess"（公主）的单数形式。

要在语言中使用算法，我们必须让语言变得更简单，以便我们目前探索过的简单数学算法能够处理；或者让算法变得更聪明，以便处理复杂混乱的人类语言。我们采用第二种方法。

插入空格

假设你是一家大型老字号公司的算法总监，该公司有一个仓库装满了手写的纸质记录。记录数字化总监一直在进行一项长期的项目，将这些纸质记录扫描为图像文件，然后使用文本识别技术将图像转换为文本，方便存储在公司的数据库中。然而，记录上的一些笔迹很糟糕，文本识别技术也不完善，所以从纸质记录中提取的最终电子文本有时候不准确。现在只有电子版文本，要求你在不参考原文的情况下找到纠正错误的方法。

假设用 Python 读到第一个数字化语句，是 G. K. Chesterton 的名言："打赢一场

必输的仗,是完美而神圣的事情,就像上帝在人间天堂一瞥。"把这个不完美的数字化文本存储在 text 变量中:

```
text = "The oneperfectly divine thing, the oneglimpse of God's paradisegiven on earth, is to fight a losingbattle - and notlose it."
```

我们注意到,这是一个英文句子,虽然每个单词的拼写都是正确的,但缺少一些空格:oneperfectly 应该是 one perfectly,paradisegiven 应该是 paradise given,等等。(人们一般不会遗漏空格,但文本识别技术经常犯这类错误。)因此,必须在文本的适当位置插入空格。对于英语流利的人来说,手工完成这项任务似乎并不困难。但是,想象一下,若要对数百万个扫描页面进行快速处理——显然需要编写算法来完成。

定义单词列表并找到单词

我们要做的第一件事是教算法学习英语单词。这并不难:定义一个名为 word_list 的列表,存储单词。我们从几个单词开始:

```
word_list = ['The','one','perfectly','divine']
```

这一章我们使用列表推导来创建和操作列表,习惯以后你会喜欢它的。下面是一个非常简单的列表推导式,创建了 word_list 的一个副本:

```
word_list_copy = [word for word in word_list]
```

可以看到,word_list 中的 word 语法与 for 循环的语法非常相似。但我们不需要冒号或额外增加行。在本例中,列表推导式很简单,我们只是希望 word_list 中的每个单词都在新列表 word_list_copy 中。这可能没什么用,但我们可以简单地添加逻辑让它变得更有用。例如,如果我们想找到单词列表中包含字母 n 的单词,只需要简单地添加一个 if 语句即可:

```
has_n = [word for word in word_list if 'n' in word]
```

运行 print(has_n),可以看到结果跟预期的一样:

```
['one', 'divine']
```

稍后将看到更复杂的列表推导式，包含一些嵌套循环。不过它们都遵循相同的基本模式：`for` 循环指定迭代，可选的 `if` 语句描述最终输出列表的选择逻辑。

使用 Python 的 `re` 模块访问文本操作工具。`re` 的一个有用函数是 `finditer()`，搜索文本找到 `word_list` 中任意单词的位置。在列表推导式中使用 `finder()`，如下：

```
import re
locs = list(set([(m.start(),m.end()) for word in word_list for m in re.finditer(word, text)]))
```

这一行内容有点多，花点时间确保你理解了它。我们定义了一个 `locs` 变量，是 locations 的缩写；它是单词列表中每个单词在文本中的位置。使用列表推导式来得到这个位置列表。

方括号（[]）内的就是列表推导式。使用 `for word` 迭代 `word_list` 中的每个单词。对于每个单词，调用 `re.finditer()`，在文本中查找指定单词，返回该单词出现的位置列表。遍历这些位置，将每个位置存储在 m 中。访问 `m.start()` 和 `m.end()`，分别得到这个单词在文本中的起始和结束位置。注意并习惯 for 循环的顺序，有些人觉得这与他们期望的顺序相反。

整个列表推导式外面封装了 `list(set())`。这样很方便就能得到列表中的唯一值而不包含重复值。列表推导式本身可能包含多个相同的元素，将其转换为 set 自动删除重复元素，然后再转换回我们想要的列表格式，即一个值唯一的单词位置列表。运行 `print(locs)` 查看整个操作的结果：

```
[(17, 23), (7, 16), (0, 3), (35, 38), (4, 7)]
```

在 Python 中，像这样的有序对称为元组（tuple），这些元组给出了文本的 `word_list` 中每个单词的位置。例如，运行 `text[17:23]`（以上列表中第一个元组的数字），我们发现是 divine。这里，d 是文本中的第 17 个字符，i 是第 18 个字符，以此类推，直到最后一个字母 e 是第 22 个字符，所以元组到 23 结束。可以检查其他元组，是否也对应 `word_list` 的单词位置。

注意，text[4:7]是 one，text[7:16]是 perfectly。单词 one 的末尾与单词 perfectly 的开头紧密衔接，中间没有空格。如果我们读文本的时候没有立刻注意到这一点，可以观察 loc 变量中的元组(4,7)和(7,16)：由于 7 是(4,7)的第二个元素，同时也是(7,16)的第一个元素，可知一个单词的结束与另一个单词的开始位置相同。要确定插入空格的位置，我们查找这种情况：一个有效单词的结尾与另一个有效单词的开头位置相同。

处理复合词

不幸的是，出现在一起中间没有空格的两个有效单词，不一定说明缺少空格。比如 butterfly，butter 是一个有效单词，fly 也是一个有效单词，但我们不能断定 butterfly 是写错的，因为 butterfly 也是一个有效单词。因此，我们不仅需要检查一起出现的有效单词有没有空格，还需要检查这两个有效单词没有空格组合在一起时会不会形成另一个有效单词。也就是说，需要检查 oneperfectly 是不是一个单词，paradisegiven 是不是一个单词，等等。

为此，我们需要找到文本中所有的空格。检查每两个连续空格之间的所有子字符串，即潜在单词。如果一个潜在单词不在单词列表中，那么我们说它是无效的。检查每个无效单词，看看它是否由两个更小的单词组成；如果是，我们说它们之间缺少一个空格，然后在其中插入空格，构成两个有效单词。

检查空格间的潜在单词

再次使用 re.finditer() 查找文本中的所有空格，存储在变量 spacestars 中。我们还向 spacestars 变量添加两个元素：一个表示文本开头的位置，另一个表示文本末尾的位置。这样确保我们找到每一个潜在单词，因为起始和末尾位置的单词是唯一不处于两个空格之间的单词。再写一行对 spacestars 列表进行排序：

```
spacestarts = [m.start() for m in re.finditer(' ', text)]
spacestarts.append(-1)
spacestarts.append(len(text))
spacestarts.sort()
```

列表 spacestals 记录了文本中的空格位置。使用列表推导和 re.finditer() 获得这些位置。在本例中，re.finditer()查找文本中每个空格的位置，将其存储到列表，列表的每个元素为 m。对于每个 m 元素（它们都是空格），使用 start()函数获取空格开始的位置。我们要在这些空格之间寻找潜在单词。最好再有一个列表来记录空格后面的字符位置，即每个潜在单词的第一个字符位置。我们称这个列表为 spacestarts_affine，从技术上说，它是 spacestarts 列表的仿射变换。仿射（affine）通常是线性变换，比如这个例子给每个位置加 1。然后对列表进行排序：

```
spacestarts_affine = [ss+1 for ss in spacestarts]
spacestarts_affine.sort()
```

接下来，获取两个空格之间的所有子字符串：

```
between_spaces = [(spacestarts[k] + 1,spacestarts[k + 1]) for k in range(0,len(spacestarts) - 1 )]
```

这里我们创建变量 between_spaces，它是元组的列表，元组形式为（子字符串的开始位置，子字符串的结束位置），如（17,23）。通过列表推导获得这些元组。这个列表推导式遍历 k，k 取 0 到 spacestarts 列表的长度−1。对于每个 k，生成一个元组：元组的第一个元素是 spacestarts[k]+1，即空格的后一个位置。元组的第二个元素是 spacestarts[k+1]，即文本中下一个空格的位置。这样，最终输出的元组是空格之间的子字符串的开始和结束位置。

现在，考虑空格之间所有的潜在单词，找到无效单词（不在单词列表中）：

```
between_spaces_notvalid = [loc for loc in between_spaces if \
text[loc[0]:loc[1]] not in word_list]
```

查看 between_spaces_notvalid，它是文本中所有无效潜在单词的位置列表：

[(4, 16), (24, 30), (31, 34), (35, 45), (46, 48), (49, 54), (55, 68), (69, 71), (72, 78), (79, 81), (82, 84), (85, 90), (91, 92), (93, 105), (106, 107), (108, 111), (112, 119), (120, 123)]

我们的代码认为所有这些位置都是无效单词。但是，观察其中的有些单词，它们看起来是有效的。例如，text[103:106]输出有效单词 and，代码认为 and 是无效单词，因为它不在单词列表中。当然，可以手动将它添加到单词列表，并继续使用这种方法来识别单词。但是请记住，我们希望这个空格插入算法能够适用于数百万页的扫描文本，而这些文本可能包含数千个独特的单词。导入一个已经包含大量有效英文单词的单词列表，是很有帮助的。这样的词汇集合称为语料库（corpus）。

导入语料库检查有效词

幸运的是，Python 模块只需要几行就能导入完整的语料库。首先，下载语料库：

```
import nltk
nltk.download('brown')
```

我们从 nltk 模块下载了一个语料库 brown。接下来，导入语料库：

```
from nltk.corpus import brown
wordlist = set(brown.words())
word_list = list(wordlist)
```

我们导入了语料库，并将单词集合转换为 Python 列表。但在使用这个新的 word_list 之前，应该做一些清洗工作，删除其中的标点符号：

```
word_list = [word.replace('*','') for word in word_list]
word_list = [word.replace('[','') for word in word_list]
word_list = [word.replace(']','') for word in word_list]
word_list = [word.replace('?','') for word in word_list]
word_list = [word.replace('.','') for word in word_list]
word_list = [word.replace('+','') for word in word_list]
word_list = [word.replace('/','') for word in word_list]
word_list = [word.replace(';','') for word in word_list]
word_list = [word.replace(':','') for word in word_list]
word_list = [word.replace(',','') for word in word_list]
word_list = [word.replace(')','') for word in word_list]
word_list = [word.replace('(','') for word in word_list]
word_list.remove('')
```

使用 remove() 和 replace() 函数将标点符号替换成空字符串，然后删除空字符串。现在我们有了一个合适的单词列表，就能够更准确地识别无效单词。使用新的 word_list 重新检查无效单词，得到更好的结果：

```
between_spaces_notvalid = [loc for loc in between_spaces if \
text[loc[0]:loc[1]] not in word_list]
```

打印 between_spaces_notvalid 列表，得到更短、更准确的列表：

```
[(4, 16), (24, 30), (35, 45), (55, 68), (72, 78), (93, 105), (112, 119), (120, 123)]
```

现在已经在文本中找到了无效潜在单词，我们要检查这些无效单词是不是由单词列表中的单词组合而成的。首先查看紧跟在空格后面的单词，它可能是一个无效单词的前半部分：

```
partial_words = [loc for loc in locs if loc[0] in spacestarts_affine and \
loc[1] not in spacestarts]
```

列表推导式遍历 locs 变量的每个元素，该变量包含文本中每个单词的位置。检查单词的开头 locs[0] 是否在 spacestarts_affine 中，这个列表存储紧跟在空格后面的字符。然后检查 loc[1] 是否在 spacestarts 中，即检查单词是否在空格开始的地方结束。如果一个单词在空格的后面开始，但不以空格结束，则把它放在 partial_words 变量，可能需要在这个单词的后面插入空格。

接下来，我们寻找以空格结尾的单词，它可能是一个无效单词的后半部分。为此，对刚才的逻辑做一些小修改：

```
partial_words_end = [loc for loc in locs if loc[0] not in spacestarts_affine \
and loc[1] in spacestarts]
```

现在开始插入空格。

找到潜在单词的前半部分和后半部分

首先向 oneperfectly 插入一个空格。定义 loc 变量，把 oneperfectly 存储在文本中的位置：

```
loc = between_spaces_notvalid[0]
```

现在我们需要检查 partial_words 中的单词是不是 oneperfectly 的前半部分。

如果一个有效单词是 oneperfectly 的前半部分，它必须与 oneperfectly 在文本中的开始位置相同、但结束位置不同。编写一个列表推导式，找到所有以 oneperfectly 的起始位置开始的有效单词的结束位置：

```
endsofbeginnings = [loc2[1] for loc2 in partial_words if loc2[0] == loc[0] \
and (loc2[1] - loc[0]) > 1]
```

loc2[0] == loc[0]表示有效单词必须以 oneperfectly 的起始位置开始。(loc2[1]-loc[0])>1 确保找到的有效单词的长度大于一个字符。这不是绝对必要的，但可以帮助我们避免误报。比如像 avoid、aside、along、irate 和 iconic 这样的单词，它们的第一个字母可以但不应该单独作为一个单词。

endsofbeginnings 列表存储以 oneperfectly 的起始位置开始的有效单词的结束位置。使用列表推导创建一个类似的变量 beginningsofends，找到每个以 oneperfectly 的末尾位置结束的有效单词的开始位置：

```
beginningsofends = [loc2[0] for loc2 in partial_words_end if loc2[1] == loc[1] and \
(loc2[1] - loc[0]) > 1]
```

loc2[1] == loc[1]表示有效单词必须以 oneperfectly 的末尾位置结束。(loc2[1]-loc[0])>1 确保找到的有效单词的长度大于一个字符，与前面一样。

快要完成了，下面只需要找到有没有元素同时出现在 endsofbeginnings 和 beginningsofends 的位置。如果有，则意味着无效单词实际上是两个有效单词的组合，缺少空格。使用 intersection()函数查找两个列表共有的元素：

```
pivot = list(set(endsofbeginnings).intersection(beginningsofends))
```

再次使用 list(set())语法；跟前面一样，这是为了确保列表只包含唯一值，没有重复值。我们把结果存储为 pivot。pivot 可能包含不止一个元素，也就是说存在两种以上的有效单词组合可以组成这个无效单词。如果出现这种情况，我们必须确定哪个组合是原始作者想要的。这是不可能确定实现的。例如无效词 choosespain。这个无效词可能来自伊比利亚的旅游手册（"Choose Spain!"）（来西班牙吧!），但也有可能是对受虐狂的描述（"chooses pain"）（"选择痛苦"）。因为语言中有大量词汇，而且它们有很多种组合方式，有时我们无法确定哪一个是正确的。一种更复杂的方法是考虑上下文——choosespain 旁边的其他词汇是不是与橄榄、斗牛相关，或者与鞭子、不必要的牙医预约相关。这种方法实现起来很困难，也不可能做到完美，这再次说明了语言算法通常是很难的。在这个例子中，取 pivot 中最小的那个，不一定绝对正确，但我们必须选一个：

```
import numpy as np
pivot = np.min(pivot)
```

最后，写一行代码，将无效词替换为两个有效词加一个空格：

```
textnew = text
textnew = textnew.replace(text[loc[0]:loc[1]],text[loc[0]:pivot]+' '+text[pivot:loc[1]])
```

打印新文本，可以看到在拼写错误的 `oneperfectly` 中正确地插入了一个空格，但是其他错误拼写还没插入空格。

```
The one perfectly divine thing, the oneglimpse of God's paradisegiven on earth, is to fight a losingbattle - and notlose it.
```

将所有内容放到一个漂亮的函数中，如清单 8-1 所示。该函数使用 for 循环在构成无效词的两个连着的有效词之间插入空格。

```
def insertspaces(text,word_list):

    locs = list(set([(m.start(),m.end()) for word in word_list for m in re.finditer(word, \
text)]))
    spacestarts = [m.start() for m in re.finditer(' ', text)]
    spacestarts.append(-1)
    spacestarts.append(len(text))
    spacestarts.sort()
    spacestarts_affine = [ss + 1 for ss in spacestarts]
    spacestarts_affine.sort()
    partial_words = [loc for loc in locs if loc[0] in spacestarts_affine and loc[1] not in \
spacestarts]
    partial_words_end = [loc for loc in locs if loc[0] not in spacestarts_affine and loc[1] \
in spacestarts]
    between_spaces = [(spacestarts[k] + 1,spacestarts[k+1]) for k in \
range(0,len(spacestarts) - 1)]
    between_spaces_notvalid = [loc for loc in between_spaces if text[loc[0]:loc[1]] not in \
```

```
        word_list]
    textnew = text
    for loc in between_spaces_notvalid:
        endsofbeginnings = [loc2[1] for loc2 in partial_words if loc2[0] == loc[0] and \
(loc2[1] - loc[0]) > 1]
        beginningsofends = [loc2[0] for loc2 in partial_words_end if loc2[1] == loc[1] and \
(loc2[1] - loc[0]) > 1]
        pivot = list(set(endsofbeginnings).intersection(beginningsofends))
        if(len(pivot) > 0):
            pivot = np.min(pivot)
            textnew = textnew.replace(text[loc[0]:loc[1]],text[loc[0]:pivot]+' \
            '+text[pivot:loc[1]])
    textnew = textnew.replace('  ',' ')
    return(textnew)
```

清单 8-1：在文本中插入空格的函数，融合了本章到目前为止的大部分代码

然后，定义任意一个文本，调用这个函数：

```
text = "The oneperfectly divine thing, the oneglimpse of God's paradisegiven on earth, is to \
fight a losingbattle - and notlose it."
print(insertspaces(text,word_list))
```

可以看到结果跟预期一样，完美地插入了空格：

```
The one perfectly divine thing, the one glimpse of God's paradise given on earth, is to fight
a losing battle - and not lose it.
```

我们创建了一个能够正确地向英文文本插入空格的算法。还需要考虑一件事，就是能否对其他语言实现同样的功能。只要读入一个良好的、适当的语言语料库去定义词汇列表 `word_list`，这样定义和调用的函数就能正确地对任意语言的文本插入空格。甚至还能纠正你从未学过或听过的语言文本。尝试不同的语料库、不同的语言和不同的文本，看看得到什么样的结果，你会见识到语言类算法的力量。

短语补全

想象一下，你正在为一家初创公司做算法咨询，这家公司正要为他们正在开发的搜索引擎添加功能。他们想添加短语补全，以便向用户提供搜索建议。例如，当用户输入 peanut butter and，搜索建议功能会建议添加单词 jelly。当用户输入 squash，搜索引擎会建议 court 和 soup。

构建这个功能很简单。跟刚才的空格检查一样，首先从语料库开始。在这种情况下，我们不仅对语料库中的单个词感兴趣，还对这些词的组合方式感兴趣，因此从语料库编译 *n*-gram 列表。*n*-gram 就是一起出现的 *n* 个词的集合。例如，短语 "Reality is not always probable, or likely" 是伟大的豪尔赫·路易斯·博尔赫斯（Jorge Luis Borges）曾经说过的话，它由七个单词组成的。1-gram 就是一个单独的词，这个短语的 1-gram 是 reality、is、not、always、probable、or 和 likely。2-gram 是两个词一起出现的字符串，即 reality is、is not、not always、always probable，等等。3-gram 是 reality is not、is not always，等等。

分词并求 *n*-gram

使用 nltk 模块获得 *n*-gram 集合很简单。首先进行分词。分词（tokenize）就是将字符串分割成单词，不考虑标点符号。例如：

```
from nltk.tokenize import sent_tokenize, word_tokenize
text = "Time forks perpetually toward innumerable futures"
print(word_tokenize(text))
```

结果如下：

```
['Time', 'forks', 'perpetually', 'toward', 'innumerable', 'futures']
```

像这样分词然后求 *n*-gram：

```
import nltk
from nltk.util import ngrams
token = nltk.word_tokenize(text)
bigrams = ngrams(token,2)
trigrams = ngrams(token,3)
```

```
fourgrams = ngrams(token,4)
fivegrams = ngrams(token,5)
```

也可以将所有的 *n*-gram 都放到 grams 列表：

```
grams = [ngrams(token,2),ngrams(token,3),ngrams(token,4),ngrams(token,5)]
```

在本例中，我们为一个简短的句子文本做了分词，并获得了它的 *n*-gram 列表。但是，一个通用的短语补全工具，需要一个相当大的语料库。前面插入空格用到的 brown 语料库不合适，因为它是单个词构成的，不能求 *n*-gram。

我们使用的语料库是谷歌的彼得·诺维格（Peter Norvig）提供的文学文本集（网址见链接列表 8.1 条目）。在本章的例子中，我下载了一个莎士比亚全集文件（网址见链接列表 8.2 条目），然后删除文本内容头部的项目引用信息。你也可以下载马克·吐温全集（网址见链接列表 8.3 条目）。将语料库读到 Python：

```
import requests
file = requests.get('http://www.bradfordtuckfield.com/shakespeare.txt')
file = file.text
text = file.replace('\n', '')
```

这里我们使用 requests 模块直接从托管莎士比亚作品集的网站读取文本文件，然后将其读入 Python 会话中的 text 变量。

读取选定的语料库后，再次运行创建 grams 变量的代码。

```
token = nltk.word_tokenize(text)
bigrams = ngrams(token,2)
trigrams = ngrams(token,3)
fourgrams = ngrams(token,4)
fivegrams = ngrams(token,5)
grams = [ngrams(token,2),ngrams(token,3),ngrams(token,4),ngrams(token,5)]
```

我们的策略

我们生成搜索建议的策略很简单。当用户在搜索框输入时，检查搜索中有多少个单词。换句话说，用户输入一个 *n*-gram，我们要确定 *n* 的值。用户搜索 *n*-gram，我们将帮助他们扩充搜索，所以要建议 *n*+1-gram。搜索语料库，找出前 *n* 个元素与这个 n-gram 相匹配的所有 n+1-gram。例如，用户搜索 crane（1-gram），而我们的语料库包含 2-gram：crane feather、crane operator 和 crane neck。每一个都是我们可以提供的潜在搜索建议。

给出前 n 个元素与用户输入相匹配的所有 n+1-gram，好像就完事了。但是，并不是所有建议都一样好。例如，如果个性化搜索引擎要搜索工业建筑设备手册，crane operator 可能比 crane feather 更相关、更有用。确定哪个 n+1-gram 是最好的建议，最简单的方法是找到在语料库中出现最多的那个。

因此，我们的完整算法是：用户搜索一个 n-gram，找到前 n 个元素与用户的 n-gram 匹配的所有 n+1-gram，并推荐语料库中出现最频繁的那个 n+1-gram。

找到候选 n+1-gram

为了得到搜索建议的 n+1-gram，我们需要知道用户的搜索短语是多长。假设搜索词是 life is a，也就是说我们要寻找如何完成"life is a..."这个短语的建议。使用下面的简单代码来获得搜索项的长度：

```
from nltk.tokenize import sent_tokenize, word_tokenize
search_term = 'life is a'
split_term = tuple(search_term.split(' '))
search_term_length = len(search_term.split(' '))
```

现在知道了搜索项的长度，即 n 是 3。记住，向用户返回最频繁的 n+1-gram（即 4-gram）。所以我们需要考虑每个 n+1-gram 的频率。使用 Counter() 函数，计算每个 n+1-gram 的出现次数。

```
from collections import Counter
counted_grams = Counter(grams[search_term_length - 1])
```

这一行从 grams 变量中选择 n+1-gram，应用 Counter() 函数创建一个元组列表。每个元组的第一个元素是 n+1-gram，第二个元素是这个 n+1-gram 在语料库中的频率。例如，输出 counted_grams 的第一个元素：

```
print(list(counted_grams.items())[0])
```

输出显示了语料库中的第一个 n+1-gram，它在整个语料库中只出现一次：

```
(('From', 'fairest', 'creatures', 'we'), 1)
```

这个 n-gram 是莎士比亚十四行诗的开头。我们随便看看莎士比亚作品的 4-gram 都很有意思。例如，运行 print(list(counted_grams)[10])，可以看到莎士比亚作品的第 10 个 4-gram 是"rose might never die"。运行 print(list(counted_grams)[240000])，可以看到第 240 000 个 n-gram 是"I shall command all"。第 323 002 个是"far more glorious star"，第 328 004 个是"crack my arms asunder"。我们要完成短语，而不仅仅是浏览 n+1-gram。我们需要找到前 n 个元素与搜索项相匹配的 n+1-gram 子集。像下面这样做：

```
matching_terms = [element for element in list(counted_grams.items()) if \
element[0][:-1] == tuple(split_term)]
```

这个列表推导式遍历每个 n+1-gram，同时调用每个元素。对每个元素，检查 element[0][:-1]==tuple(split_term)。这个等式的左边是 element[0][:-1]，即每个 n+1-gram 的前 n 个元素，其中[:-1]是忽略列表最后一个元素的便捷方法。等式右边是 tuple(split_term)，正是我们要搜索的 n-gram（"life is a"）。也就是说，我们检查 n+1-gram 的前 n 个元素是否与搜索项 n-gram 相同。将任何匹配的项存储到 matching_terms。

基于频次选择短语

完成任务所需的东西都在 matching_terms 列表中；即前 n 个元素与搜索词匹配的 n+1-gram，以及其在语料库中出现的频次。只要 matching_terms 列表中至少有一个元素，我们就可以找到语料库中出现频率最高的元素，然后将其作为完整短语推荐给用户。下面的代码完成了这项工作：

```
if(len(matching_terms)>0):
    frequencies = [item[1] for item in matching_terms]
    maximum_frequency = np.max(frequencies)
    highest_frequency_term = [item[0] for item in matching_terms if item[1] == \
maximum_frequency][0]
```

```
        combined_term = ' '.join(highest_frequency_term)
```

在这段代码中,首先定义 frequencies,它是语料库中与搜索词匹配的 n+1-gram 的频次列表。然后,使用 numpy 模块的 max() 函数来查找这些频次中的最高频率。再使用另一个列表推导式来获得语料库中出现频次最高的 n+1-gram,最后创建 combined_term,将所有单词放在一起形成字符串,单词之间用空格分隔。

最后,我们将所有代码放在一个函数中,如清单 8-2 所示。

```
def search_suggestion(search_term, text):
    token = nltk.word_tokenize(text)
    bigrams = ngrams(token,2)
    trigrams = ngrams(token,3)
    fourgrams = ngrams(token,4)
    fivegrams = ngrams(token,5)
    grams = [ngrams(token,2),ngrams(token,3),ngrams(token,4),ngrams(token,5)]
    split_term = tuple(search_term.split(' '))
    search_term_length = len(search_term.split(' '))
    counted_grams = Counter(grams[search_term_length-1])
    combined_term = 'No suggested searches'
    matching_terms = [element for element in list(counted_grams.items()) if \
element[0][:-1] == tuple(split_term)]
    if(len(matching_terms) > 0):
        frequencies = [item[1] for item in matching_terms]
        maximum_frequency = np.max(frequencies)
        highest_frequency_term = [item[0] for item in matching_terms if item[1] == \
maximum_frequency][0]
        combined_term = ' '.join(highest_frequency_term)
    return(combined_term)
```

清单 8-2:输入 n-gram、返回以输入 n-gram 开头的最可能的 n+1-gram,从而提供搜索建议的函数

输入一个 n-gram 作为参数,函数返回一个 n+1-gram。像这样调用函数:

```
file = requests.get('http://www.bradfordtuckfield.com/shakespeare.txt')
file = file=file.text
text = file.replace('\n', '')
print(search_suggestion('life is a', text))
```

可以看到建议是 life is a tedious,这是以 life is a 开头的莎士比亚最

常用的 4-gram。莎士比亚在《辛白林》中只用过一次这个 4-gram，当时伊莫金说"I see a man's life is a tedious one."。在《李尔王》中，埃德加告诉格洛斯特"Thy life is a miracle"（或"Thy life's a miracle"），这个 4-gram 也可以是我们短语的有效补充。

我们可以尝试不同的语料库，看看结果有何不同。例如使用马克·吐温文集：

```
file = requests.get('http://www.bradfordtuckfield.com/marktwain.txt')
file = file=file.text
text = file.replace('\n', '')
```

使用这个新语料库，再次检查搜索建议：

```
print(search_suggestion('life is a',text))
```

这时，完成短语是 life is a failure，说明两个文本语料库不同，也可能是莎士比亚与马克·吐温的风格和态度不同。你也可以试试其他搜索词。例如，如果使用马克·吐温的语料库，I love 的完成建议是 you，如果使用莎士比亚的语料库，I love 的完成建议是 thee，这显示了跨世纪和跨洋的风格差异，不然就是思想差异。换其他语料库和短语，看看短语是如何完成的。如果使用其他语种的语料库，利用我们刚刚编写的函数功能，也能够对你甚至不会说的语言进行短语补全。

小结

本章我们讨论了处理人类语言的算法。首先讨论了纠错扫描文本的空格插入算法，接着使用短语补全算法向输入短语添加单词，匹配文本语料库的内容和风格。其他语种的算法与这里的算法方法类似（包括拼写检查器和意图解析器）。

下一章我们将探索机器学习，这是一个强大且不断发展的领域，每一个优秀的算法专家都应该熟悉。我们将专注于一种机器学习算法——决策树，它是简单、灵活、准确、可解释的模型，能够带你在算法和生活之旅中远走高飞。

9

机器学习

现在你已经理解了许多基础算法背后的思想，可以开始学习更高级的概念了。本章我们探讨机器学习。机器学习（machine learning）涵盖很多方法，但它们都有一个共同的目标：从数据中寻找模式，然后利用模式进行预测。我们将讨论决策树方法，然后基于个人特征构建决策树预测一个人的幸福水平。

决策树

决策树是树状分支结构图。决策树就像流程图那样——通过回答是/否的问题，沿着一条通向最终决策、预测或建议的道路前进。创建决策树得到最优决策的过程是机器学习算法的一个典型例子。

考虑一个可能使用决策树的真实场景。在急诊室，重要决策者必须对每一个新入院的病人进行分诊。分诊（Triage）就是分配优先级：有的人马上要死了但及时做手术就能救活，这时需要立即就医；而有的人被纸割伤或轻微流鼻涕，这种可以等到处理完更紧急的情况再说。

分诊很难，因为必须在信息和时间都很少的情况下做出合理而准确的诊断。如果一名50岁的妇女来到急诊室，报告剧烈的胸痛，分诊负责人必须决定她的疼痛更有可能是胃灼热还是心脏病发作。分诊决策者的思维过程必然是复杂的。他们要考虑很多因素：患者的年龄和性别，是否肥胖或抽烟，患者报告的症状及方式，患者的表情，医院的忙碌程度，其他病人等待治疗的情况，可能还有一些意识不到的因素。一个人必须学习很多模式才能做好分诊。

理解分诊专家做决定的方式并不容易。图9-1显示了一个假定的完全虚构的分诊决策过程。（这不是医疗建议——不要在家里尝试！）

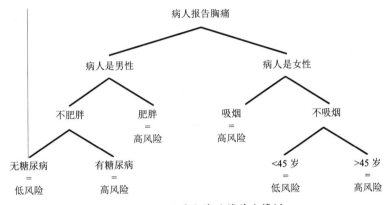

图9-1 心脏病分诊的简单决策树

从上而下读这个图。在顶部，可以看到心脏病的诊断过程是从病人报告胸痛开始的。然后，根据病人的性别分支。如果病人是男性，诊断过程进入左侧分支，接着确定他是否肥胖。如果病人是女性，则进入右侧分支，继续确定她是否吸烟。在这个过程的每个点上，沿着相应的分支，直至到达树的底部，最后得到树的分类，即病人心脏病发作是高风险还是低风险。这种二元分支过程就像一棵树的树干分成更小的分支，直到最远的分支末端。因此，图9-1所示的决策过程称为决策树。

图9-1中每个有文本的地方都是决策树的一个节点（node）。像"不肥胖"这样的节点称为分支节点（branching node），接下来还需要至少一个分支才能做出预测。"无糖尿病=低风险"节点是终端节点（terminal node），如果到了这个节点，就不需

要再进行分支,我们得到了决策树的最终分类(低风险)。

如果能设计一个详尽的、精心研究的决策树,总能得到良好的分诊决策,即便没有经过医疗培训的人也能对心脏病患者进行诊断,这将为世界上每一个急诊室节约大量资金,因为他们不再需要雇用和培训头脑精明、受过高等教育的专业人员。一个足够好的决策树甚至可以让机器人取代分诊专业人员,尽管这个目标好不好还有待商榷。一个好的决策树可能比一般人做的决策更好,因为它可以消除容易出错的人类决策过程中的无意识偏见。(事实上,这种情况已经发生了:在1996年和2002年,不同的研究团队都发表了论文,讲述他们通过决策树成功地改善了胸痛患者的分诊结果。)

决策树所描述的分支决策步骤构成了算法。执行这个算法非常简单:只需要决定每个节点应该分到哪个分支,然后沿着分支一直到最后。但是,不是每个决策树的建议都要遵循。记住,任何人都可以用决策树来描述任何可能的决策过程,哪怕得到错误的决策。决策树难的不是执行决策树算法,而是设计决策树,使其产生最佳决策。构建最优决策树是机器学习的一个应用,但遵循决策树不是。我们讨论构建最优决策树的算法——即生成这种算法的算法——然后按照这个过程中的步骤,生成一个准确的决策树。

构建决策树

构建一个决策树,基于个人信息预测他们有多幸福。找寻幸福的秘密已经困扰了数百万人类数千年,今天的社会科学研究人员花了大量的笔墨(并消耗了大量的研究经费)来寻找答案。如果有一个决策树,基于一些信息可靠地预测一个人的幸福程度,便能为确定个人幸福提供重要线索,甚至能为自我实现提供一些想法。到本章结束,你将了解如何构建这样的决策树。

下载数据集

机器学习算法从数据中找到有用的模式,所以需要一个好的数据集。我们使用欧洲社会调查(European Social Survey, ESS)数据构建决策树。可以从相关网页(网址见链接列表 9.1 和 9.2 条目）下载文件我们的文件来自这个网页（网址见链接列表 9.3 条目），它们是免费公开的。ESS 是一项针对欧洲成年人的大规模调查，每两年进行一次。它询问了各种各样的个人问题，包括宗教信仰、健康状况、社会生活和幸福水平。我们的文件以 CSV 格式存储。文件扩展名 .csv 是逗号分隔值（comma-separated values）的缩写，这是一种很常见的存储数据集的简单方法，可以通过 Microsoft Excel、LibreOffice Calc、文本编辑器以及某些 Python 模块打开数据集。

variables.csv 文件记录了调查中每个问题的详细描述。例如，在 variables.csv 的第 103 行，可以看到 happy 变量的描述。这个变量记录了受访者对这个问题的回答："综合考虑所有因素，你认为自己有多幸福？"回答从 1（完全不幸福）到 10（非常幸福）。查看 variables.csv 的其他变量，可以看到可供使用的各种信息。例如，scmeet 变量记录了受访者与朋友、亲戚或同事进行社交的频率。health 变量记录受访者的总体健康状况。rlgdgr 变量记录了受访者的宗教主观评分，等等。

看到数据后，可以开始思考与幸福预测相关的假设。我们可以合理地假设，社交生活活跃、身体健康的人比其他人更快乐。其他变量如性别、家庭规模和年龄，比较不容易做假设。

查看数据

首先读数据。从链接下载数据，保存为 ess.csv。然后使用 pandas 模块处理，将它存储在 Python 会话的 ess 变量中：

```
import pandas as pd
ess = pd.read_csv('ess.csv')
```

记住，读取 CSV 文件必须将它存储到 Python 运行目录下，或者将'ess.csv'改为存储 CSV 文件的确切路径。使用 pandas 数据框的 shape 属性，查看数据中有多少行和列：

```
print(ess.shape)
```

输出应该是 (44387, 534)，表明我们的数据集有 44387 行（每一行表示一个受访者）和 534 列（每一列表示一个调查问题）。使用 pandas 模块的切片函数，更仔细地查看感兴趣的列。例如，以下是关于"happy"的前5个回答：

```
print(ess.loc[:,'happy'].head())
```

数据集 ess 有 534 个列，每个列对应调查中的每个问题。有时候我们想要一次性处理所有列。这里，我们只想查看 happy 列，不包括其他 533 列。因此，我们使用 loc() 函数。这里，loc() 函数将 happy 变量从 pandas 数据框中切出来。换句话说，只取这一列，忽略其他 533 列。然后，head() 函数显示该列的前 5 行。可以看到前 5 个回答是 5、5、8、8 和 5。对 sclmeet 变量执行同样的操作：

```
print(ess.loc[:,'sclmeet'].head())
```

结果是 6、4、4、4 和 6。happy 和 sclmeet 的受访者都是按顺序排列的。例如，sclmeet 的第 134 个元素与 happy 的第 134 个元素是同一个人。

ESS 员工努力从每个调查参与者那里得到一套完整的回答。然而，有时调查问题的回答是缺失的，有时是因为参与者拒绝回答或不知道如何回答。对于 ESS 数据集中缺失的回答，为其分配远远大于真实回答的值。例如，某个问题要求受访者在 1 到 10 之间选择一个数字作为回答，如果受访者拒绝回答，则 ESS 记录 77。我们只考虑完整的受访者，不考虑缺失值。我们可以限制 ess 数据只包含完整回答的变量值：

```
ess = ess.loc[ess['sclmeet'] <= 10,:].copy()
ess = ess.loc[ess['rlgdgr'] <= 10,:].copy()
ess = ess.loc[ess['hhmmb'] <= 50,:].copy()
ess = ess.loc[ess['netusoft'] <= 5,:].copy()
ess = ess.loc[ess['agea'] <= 200,:].copy()
ess = ess.loc[ess['health'] <= 5,:].copy()
ess = ess.loc[ess['happy'] <= 10,:].copy()
ess = ess.loc[ess['eduyrs'] <= 100,:].copy().reset_index(drop=True)
```

分割数据

我们有很多方法可以利用这些数据来探索社交生活和幸福之间的关系。最简单的方法是二分法（binary split）：比较社交生活高度活跃和不活跃的人的平均幸福水平（清单9-1）。

```
import numpy as np
social = list(ess.loc[:,'sclmeet'])
happy = list(ess.loc[:,'happy'])
low_social_happiness = [hap for soc,hap in zip(social,happy) if soc <= 5]
high_social_happiness = [hap for soc,hap in zip(social,happy) if soc > 5]

meanlower = np.mean(low_social_happiness)
meanhigher = np.mean(high_social_happiness)
```

清单 9-1：比较社交生活高度活跃和不活跃的人的平均幸福水平

在清单 9-1 中，导入 numpy 模块计算平均值。定义两个新变量，social 和 happy，它们是从 ess 数据框中切割出来的。然后使用列表推导式找到社交生活评分较低的所有人的幸福水平（变量 low_social_happiness）和社交生活评分较高的所有人的幸福水平（变量 high_social_happiness）。最后，计算低社交人的平均幸福水平（meanlower）和高社交人的平均幸福水平（meanhigher）。运行 print(meanlower) 和 print(meanhigher)，可以看到那些认为自己社交能力较高的人比社交能力较低的人稍微幸福一点：高社交人群的平均幸福水平约为 7.8，低社交人群的平均幸福水平约为 7.2。

我们可以画一个简单的图，如图 9-2 所示。

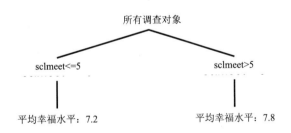

图 9-2　基于社交频率预测幸福水平的简单决策树

这个简单的二分图已经开始有点像决策树了。这并非巧合：在数据集中进行二元分割，然后比较每一半的结果，正是决策树生成算法的核心过程。事实上，图 9-2 可以称为决策树，尽管它只有一个分支节点。使用图 9-2 作为一个非常简单的幸福预测器：弄清楚一个人出去社交的频率。如果他的 `sclmeet` 值小于等于 5，那么我们可以预测他的幸福指数是 7.2。如果大于 5，则其幸福指数是 7.8。这不是一个完美的预测，但它是一个开始，比随机猜测更准确。

我们试着基于这个决策树总结不同性格和生活方式对幸福感的影响。例如，我们看到低社交平均幸福水平和高社交平均幸福水平之间的差异约为 0.6，从而得出结论，如果满分是 10 的话，社交活动由低到高可以使平均幸福水平预期增加约 0.6。当然，想要得出这类结论非常困难。可能社交活动不会带来幸福，而是幸福导致了社交活动；也许幸福的人更经常处于愉悦的情绪之中，所以他们打电话给朋友，安排社交活动。从因果关系理解相关性超出了本章的范围，但不管因果关系的方向是怎样的，这个简单的决策树至少给了我们相关性的事实，愿意的话可以进一步去研究。正如漫画家兰德尔·门罗（Randall Munroe）所言："相关性并不意味着因果关系，但它确实暗示性地挑眉、做手势，嘀咕说'快看那边'。"

我们知道了如何构建有两个分支的简单决策树。现在只需要学会创建分支，进而得到有很多分支的更好、更完整的决策树。

更聪明的分割

在比较社交生活活跃/不活跃的人的幸福水平时，我们用 5 作为分裂点（split point），即得分高于 5 的人社交生活活跃，低于 5 的人社交生活不活跃。我们之所以选择 5，是因为它是 1 和 10 的自然中点。但是请记住，我们的目标是建立一个准确的幸福预测器。与其根据直觉判断自然中点，或者什么是活跃的社交生活，不如使用二分法获得尽可能高的准确性。

在机器学习问题中，衡量准确性有几种不同的方法。最自然的方法是求误差的和。在这个例子中，误差就是预测的幸福程度和实际的幸福程度之间的差异。如果决策树预测你的幸福指数是 6，但实际上是 8，那么这个决策树给你打分的误差是 2。将一组受访者的预测误差加起来，得到一个误差和，来衡量决策树预测该组成员幸福程度的准确性。误差和越接近于零，决策树就越好（注意，参考第 189 页的"过度拟合问题"）。以下代码段给出了求误差和的简单方法：

```
lowererrors = [abs(lowhappy - meanlower) for lowhappy in low_social_happiness]
highererrors = [abs(highhappy - meanhigher) for highhappy in high_social_happiness]

total_error = sum(lowererrors) + sum(highererrors)
```

这段代码将所有受访者的预测误差相加。lowererrors 列表，这是社交不活跃的人的预测误差；highererrors 列表，这是社交活跃的人的预测误差。注意这里取绝对值，所以我们计算误差和只把非负数相加。运行代码，我们发现总误差约为 60 224。这个数字远大于零，但考虑到这是 4 万多名受访者的误差之和，而我们基于只有两个分支的决策树来预测他们的幸福程度，突然感觉好像就没那么糟糕了。

可以尝试不同的分裂点，看看误差是否有所改善。例如，我们可以把社交得分高于 4 的人归为高社交，把社交得分低于 4 的人归为低社交，然后比较结果的误差率。或者用 6 作为分裂点。为了获得尽可能高的准确性，我们依次检查每一个可能的分裂点，然后选择误差最小的分裂点。清单 9-2 中的函数实现了这个任务。

```python
def get_splitpoint(allvalues,predictedvalues):
    lowest_error = float('inf')
    best_split = None
    best_lowermean = np.mean(predictedvalues)
    best_highermean = np.mean(predictedvalues)
    for pctl in range(0,100):
        split_candidate = np.percentile(allvalues, pctl)

        loweroutcomes = [outcome for value,outcome in zip(allvalues,predictedvalues) if \
value <= split_candidate]
        higheroutcomes = [outcome for value,outcome in zip(allvalues,predictedvalues) if \
value > split_candidate]

        if np.min([len(loweroutcomes),len(higheroutcomes)]) > 0:
            meanlower = np.mean(loweroutcomes)
            meanhigher = np.mean(higheroutcomes)

            lowererrors = [abs(outcome - meanlower) for outcome in loweroutcomes]
            highererrors = [abs(outcome - meanhigher) for outcome in higheroutcomes]

            total_error = sum(lowererrors) + sum(highererrors)

            if total_error < lowest_error:
                best_split = split_candidate
                lowest_error = total_error
                best_lowermean = meanlower
                best_highermean = meanhigher
```

```
return(best_split,lowest_error,best_lowermean,best_highermean)
```

清单 9-2：该函数寻找变量的最佳分裂点，确定决策树的分支点

在这个函数中，我们使用 `pctl`（百分比的缩写）变量遍历从 0 到 100 的每个数字。循环的第一行，定义了一个新的 `split_candidate` 变量，取数据的 `pctl`%分位数值。然后，遵循清单 9-1 那样的过程。创建列表，分别存储 `sclmeet` 值小于或等于候选分裂点的人的平均幸福水平，以及 `sclmeet` 值大于候选分裂点的人的平均幸福水平，然后检查基于这个候选分裂点的误差。如果这个候选分裂点的误差和比之前所有候选分裂点的误差和都小，则重新定义 `best_split` 变量，使其等于 `split_candidate`。循环完成后，`best_split` 变量等于准确性最高的那个分裂点。

对任意变量运行这个函数，例如下面我们在 `hhmmb` 上运行函数，该变量记录了受访者的家庭成员数量。

```
allvalues = list(ess.loc[:,'hhmmb'])
predictedvalues = list(ess.loc[:,'happy'])
print(get_splitpoint(allvalues,predictedvalues))
```

输出正确的分裂点，以及该分裂点定义的各组预期平均幸福水平：

```
(1.0, 60860.029867951016, 6.839403436723225, 7.620055170794695)
```

这个输出的含义是：分割 `hhmmb` 变量的最佳位置是 1.0；我们将调查对象分为独自生活的人（一个家庭成员）、与他人一起生活的人（多个家庭成员）。我们还可以看到这两组人的平均幸福水平：分别约为 6.84 和 7.62。

选择分裂变量

选择数据中的任意变量，我们都可以找到分裂点的最佳位置。但是，请记住，像图 9-1 的决策树，不只为一个变量确定分裂点。我们要拆分男性和女性，肥胖和不肥胖，吸烟者和不吸烟者，等等。那么问题就来了，怎样知道在每个分支节点上应该分割哪个变量呢？我们可以对图 9-1 中的节点进行重新排序，首先是体重，然后是性别，或者只在左侧分支上按性别划分，或者压根儿不按性别划分。决定在每个分支点分割哪个变量，是生成最优决策树的关键部分，所以我们要为这个过程编写代码。

采用与最佳分裂点相同的原则来确定最佳分裂变量：误差最小的最好。为此，我们需要遍历每个可用变量，并检查在这个变量上进行分裂是否误差最小。然后确定哪个变量的分裂误差最小。实现函数见清单 9-3。

```
def getsplit(data,variables,outcome_variable):
    best_var = ''
    lowest_error = float('inf')
    best_split = None
    predictedvalues = list(data.loc[:,outcome_variable])
    best_lowermean = -1
    best_highermean = -1
    for var in variables:
        allvalues = list(data.loc[:,var])
        splitted = get_splitpoint(allvalues,predictedvalues)
        
        if(splitted[1] < lowest_error):
            best_split = splitted[0]
            lowest_error = splitted[1]
            best_var = var
            best_lowermean = splitted[2]
            best_highermean = splitted[3]
    
    generated_tree = [[best_var,float('-inf'),best_split,
best_lowermean],[best_var,best_split,\
    float('inf'),best_highermean]]
    
    return(generated_tree)
```

清单 9-3：迭代每个变量并找到最佳分裂变量的函数

在清单 9-3 中，我们定义了一个带有 for 循环的函数，该循环遍历变量列表中的所有变量。对于每个变量，调用 get_splitpoint() 函数找到最佳分裂点。每个变量在最佳分裂点进行分裂，得到预测的误差和。如果某个变量的误差和比之前所有变量的误差和都小，将该变量存储为 best_var。遍历完所有变量后，得到误差和最小的变量，存储为 best_var。在 scmeet 以外的一组变量上运行这段代码，如下：

```
variables = ['rlgdgr','hhmmb','netusoft','agea','eduyrs']
outcome_variable = 'happy'
print(getsplit(ess,variables,outcome_variable))
```

输出为：

```
[['netusoft', -inf, 4.0, 7.041597337770383], ['netusoft', 4.0, inf, 7.73042471042471]]
```

我们的 getsplit() 函数以嵌套列表的形式输出了一个非常简单的"树"。它只有两个分支。第一个嵌套列表表示第一个分支，第二个嵌套列表表示第二个分支。嵌套列表中的每个元素表示各自分支的一些信息。第一个列表表示基于受访者的 netusoft 值（互联网使用率）查看分支。具体来说，第一个分支对应的是 netusoft 值在 -inf 和 4.0 之间的人，其中 inf 代表无穷大。换句话说，在 5 分制中，这个分支的互联网使用率小于等于 4。每个列表的最后一个元素是估计幸福指数：对于那些不太活跃的互联网用户来说，大约是 7.0。图 9-3 为绘制的简单的"树"。

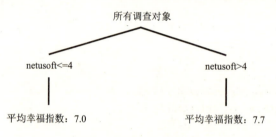

图 9-3　调用 getsplit() 函数生成的"树"

目前这个函数告诉我们，上网频率相对较低的人感觉不太幸福，平均幸福指数约为 7.0，而上网频率较高的人平均幸福指数约为 7.7。同样，我们需要谨慎地从这个单一事实中得出结论：使用互联网或许不是幸福的真正驱动因素，但可能与幸福水平相关，因为它与年龄、财富、健康、教育和其他特征密切相关。单靠机器学习通常不能确定复杂的因果关系，但正如图 9-3 所示的简单树，它能让我们做出准确的预测。

增加深度

我们已经完成了在每个分支节点确定最佳分裂位置并生成带有两个分支的树。接下来，我们需要扩展到多个分支节点和终端节点。观察图 9-1，注意它不止两个分支。它的深度（depth）是 3，必须遵循三个连续的分支才能得到最终的诊断。决策树生成过程的最后一步是指定我们想要达到的深度，并在达到该深度之前构建新的分支。要实现这一点，我们对清单 9-4 的 getsplit()函数进行扩展。

```
maxdepth = 3
def getsplit(depth,data,variables,outcome_variable):
    --snip--
    generated_tree = [[best_var,float('-inf'),best_split,[]],[best_var,\
best_split,float('inf'),[]]]

    if depth < maxdepth:
        splitdata1=data.loc[data[best_var] <= best_split,:]
        splitdata2=data.loc[data[best_var] > best_split,:]
        if len(splitdata1.index) > 10 and len(splitdata2.index) > 10:
            generated_tree[0][3] = getsplit(depth + 
1,splitdata1,variables,outcome_variable)
            generated_tree[1][3] = getsplit(depth + 
1,splitdata2,variables,outcome_variable)
        else:
            depth = maxdepth + 1
            generated_tree[0][3] = best_lowermean
            generated_tree[1][3] = best_highermean
    else:
        generated_tree[0][3] = best_lowermean
        generated_tree[1][3] = best_highermean
    return(generated_tree)
```

清单 9-4：生成指定深度的树的函数

在这个修改后的函数中定义 generated_tree 变量的时候，我们添加的是空列表，而不是平均值。我们只在终端节点中插入平均值，而如果想要树的深度更大，需要在每个分支中插入其他分支（即空列表将包含的内容）。还在函数末尾添加了一个 if 语句，其中包含一大段代码。如果当前分支的深度小于树的最大深度，则再次递归调用 get_split()函数来填充里面的其他分支，直至达到最大深度为止。

运行这段代码，得到幸福预测误差最小的决策树：

```
variables = ['rlgdgr','hhmmb','netusoft','agea','eduyrs']
outcome_variable = 'happy'
maxdepth = 2
```

9 机器学习 **185**

```
print(getsplit(0,ess,variables,outcome_variable))
```

这时,应该得到以下结果,这表示深度为 2 的决策树(清单 9-5):

```
[['netusoft', -inf, 4.0, [['hhmmb', -inf, 4.0, [['agea', -inf, 15.0, 8.035714285714286],
['agea', 15.0, inf, 6.997666564322997]]], ['hhmmb', 4.0, inf, [['eduyrs', -inf, 11.0,
7.263969171483622], ['eduyrs', 11.0, inf, 8.0]]]]], ['netusoft', 4.0, inf, [['hhmmb', -inf,
1.0, [['agea', -inf, 66.0, 7.135361428970136], ['agea', 66.0, inf, 7.621993127147766]]],
['hhmmb', 1.0, inf, [['rlgdgr', -inf, 5.0, 7.743893678160919], ['rlgdgr', 5.0, inf,
7.9873320537428025]]]]]]
```

清单 9-5:嵌套列表表示的决策树

这里看到的是一组相互嵌套的列表。这些嵌套列表表示完整的决策树,尽管它不像图 9-1 那样容易阅读。在每个嵌套中,都有一个变量名及其范围,正如图 9-3 所示的简单树那样。第一个嵌套列表就是图 9-3 所示的分支:这个分支表示 netusoft 值小于等于 4 的受访者。下一个列表嵌套在第一个列表中,以 hhmmb,-inf,4.0 开头。这是决策树的另一个分支,它是我们刚才检查的分支的分支,表示家庭规模小于等于 4 的人。图 9-4 画出了到目前为止嵌套列表表示的决策树部分分支。

继续查看嵌套列表,填充决策树的更多分支。嵌套在其他列表中的列表表示树中较低层的分支。嵌套列表从包含它的列表中分出分支。终端节点没有嵌套列表,而是估计幸福指数。

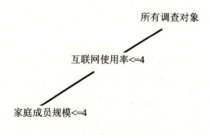

图 9-4 决策树的部分分支

我们已经成功地创建了一个决策树,能够以相对较低的误差预测幸福水平。可以检查输出,查看幸福的相关决定因素,以及每个分支的幸福水平。

基于这个决策树和数据集我们还能做更多探索。例如,尝试不同或更大的变量集合运行同样的代码。还可以换个最大深度再创建一个决策树。下面的例子使用不同的变量列表和深度再次运行代码：

```
variables = ['sclmeet','rlgdgr','hhmmb','netusoft','agea','eduyrs','health']
outcome_variable = 'happy'
maxdepth = 3
print(getsplit(0,ess,variables,outcome_variable))
```

使用以上参数，我们得到一个不一样的决策树。输出结果如下：

```
[['health', -inf, 2.0, [['sclmeet', -inf, 4.0, [['health', -inf, 1.0, [['rlgdgr', -inf,
9.0, 7.9919636617749825], ['rlgdgr', 9.0, inf, 8.713414634146341]]], ['health', 1.0, inf,
[['netusoft', -inf, 4.0, 7.195121951219512], ['netusoft', 4.0, inf, 7.565659008464329]]]]],
['sclmeet', 4.0, inf, [['eduyrs', -inf, 25.0, [['eduyrs', -inf, 8.0, 7.94117764705882355],
['eduyrs', 8.0, inf, 7.999169779991698]]], ['eduyrs', 25.0, inf, [['hhmmb', -inf, 1.0,
7.297872340425532], ['hhmmb', 1.0, inf, 7.9603174603174605]]]]]]], ['health', 2.0, inf,
[['sclmeet', -inf, 3.0, [['health', -inf, 3.0, [['sclmeet', -inf, 2.0, 6.049427365883062],
['sclmeet', 2.0, inf, 6.70435393258427]]], ['health', 3.0, inf, [['sclmeet', -inf, 1.0,
4.135036496350365], ['sclmeet', 1.0, inf, 5.407051282051282]]]]], ['sclmeet', 3.0, inf,
[['health', -inf, 4.0, [['rlgdgr', -inf, 9.0, 6.922227707173616], ['rlgdgr', 9.0, inf,
7.434662998624484]]], ['health', 4.0, inf, [['hhmmb', -inf, 1.0, 4.948717948717949],
['hhmmb', 1.0, inf, 6.132075471698113]]]]]]]]]
```

特别地，请注意第一个分支是依据 health 变量而不是 netusoft 变量分裂的。在不同的点、不同的变量上分裂得到较低深度的其他分支。决策树方法的灵活性意味着，基于相同的数据集、相同的最终目标，不同的研究人员可能会得出非常不同的结论，这取决于他们使用的参数，以及如何处理数据。这是机器学习方法的一个共同特征，也是机器学习方法难以掌握的原因之一。

评估决策树

为了生成决策树，我们比较了每个潜在分裂点和潜在分裂变量的误差率，总是选择误差率最低的变量和分裂点。既然已经成功地生成了决策树，做这样的误差计算就有意义了，不仅针对特定的分支，还要针对整个决策树。评估整个决策树的误差率可以让我们知道预测任务完成得多好，以及未来执行任务（例如，分诊今后来医院报告胸痛的病人）时表现有多好。

观察目前生成的决策树输出，你会发现都是很难阅读的嵌套列表，如果不精心阅读嵌套分支并找到正确的终端节点，很难知道预测一个人有多幸福。基于 ESS 回答确定一个人的预测幸福水平，我们编写代码来实现。下面的函数 get_prediction() 可以帮我们完成这个任务：

```
def get_prediction(observation,tree):
    j = 0
    keepgoing = True
    prediction = - 1
    while(keepgoing):
        j = j + 1
        variable_tocheck = tree[0][0]
        bound1 = tree[0][1]
        bound2 = tree[0][2]
        bound3 = tree[1][2]
        if observation.loc[variable_tocheck] < bound2:
            tree = tree[0][3]
        else:
            tree = tree[1][3]
        if isinstance(tree,float):
            keepgoing = False
            prediction = tree
    return(prediction)
```

接下来，创建一个循环，遍历数据集的任意部分，得到这部分数据的幸福度预测树。在本例中，我们尝试一个最大深度为 4 的树：

```
predictions=[]
outcome_variable = 'happy'
maxdepth = 4
thetree = getsplit(0,ess,variables,outcome_variable)
for k in range(0,30):
    observation = ess.loc[k,:]
    predictions.append(get_prediction(observation,thetree))

print(predictions)
```

这段代码只是重复调用 get_prediction() 函数，然后将结果附加到预测列表中。这个例子只对前 30 个观察对象进行了预测。

最后，将这些预测值与实际的幸福评分进行比较，看看总误差率是多少。这里，我们对整个数据集进行预测，并计算预测值与记录的幸福评分之间的绝对差值：

```
predictions = []

for k in range(0,len(ess.index)):
    observation = ess.loc[k,:]
    predictions.append(get_prediction(observation,thetree))

ess.loc[:,'predicted'] = predictions
errors = abs(ess.loc[:,'predicted'] - ess.loc[:,'happy'])

print(np.mean(errors))
```

运行这段代码，我们发现决策树预测的平均误差是 1.369。这个值大于 0，但如果采用更差的预测方法，误差更大。到目前为止，我们的决策树似乎能做出相当不错的预测。

过度拟合问题

你可能注意到了，我们评估决策树的方法与现实生活中的预测过程不一样。记住我们所做的是：使用完整的调查对象来生成决策树，然后使用相同的调查对象来判断决策树预测的准确性。但是对于已经参加过调查的受访者来说，预测他们的幸福评分是多余的——他们参加了调查，所以我们已经知道他们的幸福评分，根本不需要预测！这就好比，有了历史心脏病发作患者的数据集，仔细研究他们的症状，然后构建一个机器学习模型，告诉我们某个人上周是否心脏病发作。现在我们已经很清楚地知道那个人上周是否犯了心脏病，而且比起查看原始的分诊数据，我们有更好的方法来知道这一点。猜测过去很容易，但要记住，真正的预测总是关于未来的。正如沃顿商学院（Wharton）教授约瑟夫·西蒙斯（Joseph Simmons）所说，"历史关乎过去发生过什么，而科学关乎接下来会发生什么。"

你可能认为这不是什么严重的问题。毕竟，如果我们的决策树能够有效预测上周心脏病发作的病人，那么有理由认为它对下周心脏病发作的病人也有效。在某种程度上这是对的。但是，存在一种风险，我们可能不小心碰到过拟合（overfitting），这是一种常见的、低级的危险，即机器学习模型在创建它的数据集（历史数据）上表现出非常低的误差率，但在其他数据集（真正要紧的未来数据）上的误差率出人意料地高。

以心脏病发作预测为例。比如我们在急诊室观察几天，巧合地发现，每一个穿蓝色衬衫的住院病人都有心脏病发作，而每一个穿绿色衬衫的住院病人都是健康的。以衬衫颜色作为预测变量的决策树模型，捕捉到这个模式并将其作为分支变量，因为在我们的观察中，它的诊断准确性很高。但是，如果用这个决策树去预测另一家医院或未来某一天的心脏病发作情况，我们会发现预测往往是错误的，许多穿绿色衬衫的人也会心脏病发作，而穿蓝色衬衫的人可能是健康的。用来构建决策树的观察称为样本内观察（in-sample observations），而测试模型的观察不属于决策树生成过程，称为样本外观察（out-of-sample observations）。过拟合意味着热衷于追求样本内预测的低误差率，导致我们的决策树模型在样本外预测时的误差率异常高。

在机器学习的所有应用中，过拟合都是一个严重的问题，即便最优秀的机器学习从业者也会犯这个错误。为了避免这种情况，我们需要一个重要的步骤，使决策树的创建过程更接近现实生活中的预测场景。

记住，现实中的预测是关于未来的，但我们必定只能从过去的数据来构建决策树。我们无法获得未来的数据，所以把数据集分成两个子集：一个是训练集（training set），只用它来构建决策树；另一个是测试集（test set），只用它来检查决策树的准确性。和训练集一样，测试集同样来自过去，但我们把它当成未来；在创建决策树的时候不使用测试集（就像它还没有发生一样），在决策树构建完成之后用它来测试决策树的准确性（就像我们后来才得到这个数据一样）。

通过简单分割的训练集/测试集，使决策树的生成过程接近于预测未知未来的现实问题；测试集好比一个模拟的未来。在测试集上发现的误差率，让我们对真实未来可能的误差率有一个合理的预期。如果训练集上的误差很低而测试集上的误差很高，那么我们就知道犯了过拟合的错误。

像这样定义训练集和测试集：

```
import numpy as np
np.random.seed(518)
ess_shuffled = ess.reindex(np.random.permutation(ess.index)).reset_index(drop = True)
training_data = ess_shuffled.loc[0:37000,:]
test_data = ess_shuffled.loc[37001:,:].reset_index(drop = True)
```

在这个代码段中，我们使用 numpy 模块进行数据混排——就是随机移动所有数据行。使用 pandas 模块的 reindex() 方法完成这个任务。通过 numpy 模块的排列功能对行号进行随机洗牌重建索引。在混排数据集后，选择混排后的前 37 000 行作为训练数据集，其余行作为测试数据集。np.random.seed(518) 不是必需的，但是运行这一行，可以确保得到与这里相同的伪随机结果。

定义了训练集和测试集之后，只使用训练数据生成一个决策树：

```
thetree = getsplit(0,training_data,variables,outcome_variable)
```

最后，在测试数据上检查平均误差率，这部分数据没有用来训练决策树：

```
predictions = []
for k in range(0,len(test_data.index)):
    observation = test_data.loc[k,:]
    predictions.append(get_prediction(observation,thetree))

test_data.loc[:,'predicted'] = predictions
errors = abs(test_data.loc[:,'predicted'] - test_data.loc[:,'happy'])
print(np.mean(errors))
```

我们发现测试数据的平均误差率是 1.371。而使用整个数据集进行训练和测试的平均误差率是 1.369，只差一点点。这表明我们的模型没有过拟合问题：它既擅长预测过去，也几乎同样擅长预测未来。但很多时候情况并不是这样，我们常常得到的是坏消息——我们的模型比想象的更糟糕——但这是好事，因为在应用到真实场景之前我们还可以进行改进。在模型准备部署到现实生活之前，我们需要对其进行改进，使测试集上的误差率最小。

改进和优化

你可能会发现，所创建的决策树的准确度比期望的要低。例如，由于过拟合错误，得到的准确性比预想的更差。解决过拟合问题的很多策略归根到底就是某种形式的简化，因为简单的机器学习模型比复杂模型更不容易出现过拟合问题。

简化决策树模型的第一个也是最简单的方法是限制最大深度；因为深度是一个可以重新定义的变量，这很容易做到。要确定合适的深度，必须检查不同深度下样本外数据的误差率。如果深度太大，可能会因为过拟合而造成较大的误差。如果深度太小，可能会因为欠拟合（underfitting）而造成较大的误差。可以认为欠拟合是过拟合的镜像。过拟合试图学习任意或不相干的模式——也就是说，从训练数据的噪声中学习"过多"，比如一个人是否穿绿色衬衫。欠拟合是学习不足——创建的模型忽略了数据的关键模式，比如一个人是否肥胖或是否吸烟。

过拟合往往是由于模型的变量太多或深度太大，而欠拟合往往是由于模型的变量太少或深度太小。在很多算法设计中，合适的值是介于过高和过低之间的一个适当的中间点。为机器学习模型选择合适的参数，比如决策树的深度，通常称作调优（tuning），就像调整吉他或小提琴的弦的松紧度一样，也是在过高和过低之间找一个适当的音调。

简化决策树模型的另一种方法是剪枝（pruning）。即，我们先构建一个完整深度的决策树，然后在不增加太多误差率的情况下，从树中删除分支。

还有一个值得一提的改进是使用不同的方法选择正确的分裂点和正确的分裂变量。本章我们介绍了如何利用分类误差和确定分裂点的位置；正确的分裂点是误差和最小的位置。当然还有其他方法可以确定决策树的正确分裂点，包括基尼不纯度（Gini impurity）、熵（entropy）、信息增益（information gain）和方差缩减（variance reduction）。在实际应用中，往往更多采用的是基尼不纯度和信息增益，因为它们的某些数学性质在很多情况下效果更好。采用不同的方法来选择分裂点和分裂变量，在实验中找到对你的数据和决策问题最有效的方法。

机器学习所做的一切都是为了让我们能够对新数据做出准确的预测。当试图改进一个机器学习模型时，总是可以通过检查测试数据的误差率改善了多少，来判断一个改进是否值得。随时发挥创造力来寻找改进的方法——任何可以改善测试数据误差率的方法都值得一试。

随机森林

决策树是有用且有价值的，但专家们并不认为它是最好的机器学习方法。部分原因是过拟合和误差率较高名声在外，还有部分原因是随机森林（random forests）方法的发明。随机森林最近很流行，性能上比决策树确实有改进。

顾名思义，随机森林模型由一系列决策树模型组成。随机森林中的每个决策树都依赖于随机。通过随机，我们得到了一个由许多决策树构成的决策多样化森林，而不是森林里只有一个决策树不断重复。随机体现在两个地方。首先，训练数据集是随机的：在构建每个决策树的时候只用训练集的一个子集，而且这个子集是随机选择的，对每个决策树来说都是不同的。（测试集是在开始的时候是随机选择的，但不针对每个决策树重新随机或重新选择。）其次，用于构建决策树的变量是随机的：在构建每个决策树时只使用完整变量集的一个子集，而且每次使用不同的子集。

构建这些各不相同的、随机的决策树之后，我们就得到了一个完整的随机森林。给定某个观察，为了做出预测，我们必须找出每一个不同的决策树的预测结果，然后对每一个决策树的预测取平均值。由于决策树的数据和变量都是随机的，取它们的平均值有助于避免过拟合问题，通常预测更加准确。

本章代码通过直接操作数据集、列表和循环，"从零开始"创建决策树。未来使用决策树和随机森林时，可以利用现有的 Python 模块，它们可以为你完成大部分繁重的工作。但不要让这些模块成为你的拐杖：如果你对这些重要算法的每一步足够了解，能够自己从头编写代码，那么你的机器学习会更加高效。

小结

本章介绍了机器学习相关内容，并探索了决策树，这是一种基础的、简单的、有用的机器学习方法。决策树是一种算法，而决策树的生成本身也是一种算法，因此它是一种由算法生成的算法。学习完决策树和随机森林的基本思想，你向成为机器学习专家迈出了一大步。本章学到的知识将是你选择学习其他机器学习算法的坚实基础，包括像神经网络这样的高级算法。所有机器学习方法都试图处理本章这样的任务类型：基于数据集的模式进行预测。下一章，我们将探索人工智能，这是我们的探险中最先进的一个方面。

10

人工智能

在这本书里，我们注意到人类大脑能够做一些非凡的事情，无论是接住棒球、校对文本，还是判断一个人有没有心脏病。我们探索了将这些能力转化为算法的方法及其挑战。本章我们再次面对这些挑战，构建一个人工智能（Artificial Intelligence, AI）算法。我们要讨论的人工智能算法不仅适用于一个特定任务，如接棒球，而且适用于广泛的竞争场景。这种广泛的适用性正是人工智能让人们兴奋的地方——就像人类能够学习新技能一样，最优秀的人工智能只需要最小限度重新配置，就可以应用到前所未见的新领域。

人工智能这个词有一种光环，让人觉得它很神秘、很先进。一些人认为，人工智能使计算机像人类一样思考、感觉和体验；计算机是否能做到这一点，是一个开放的、困难的问题，这远远超出了本章的范围。我们所创造的AI简单得多，它能够很好地玩游戏，但不会写真诚的情诗，也不会感到沮丧或渴望（据我所知！）。

我们的AI会玩点格棋（Dots and boxes）游戏，这是一种简单但不平凡的游戏。我们首先画棋盘。然后创建一些函数记录游戏过程中的得分。接下来，生成博弈树

（game tree），它表示游戏中所有可能的移动组合。最后，介绍极大极小算法，这是一种只用几行代码就能实现 AI 的优雅方法。

点格棋

点格棋是法国数学家 Édouard Lucas 创作的，又称 La Pipopipette。首先从点阵（lattice）开始，或者说点构成的网格，如图 10-1 所示。

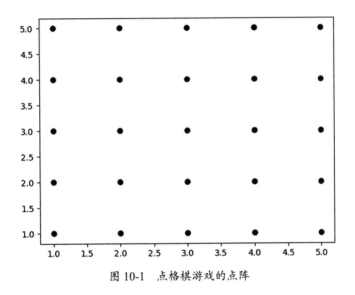

图 10-1　点格棋游戏的点阵

点阵通常是矩形，但也可以是任何形状。两个玩家轮流对战。在每个回合中，玩家画一条线段连接点阵中两个相邻的点。如果玩家使用不同的颜色来画线段，我们可以看到谁画了什么，但这不是必需的。随着游戏进行，线段填满点阵，直到所有相邻点之间的线段都被画完。图 10-2 展示了一个正在进行的游戏示例。

点格棋游戏玩家的目标是画线段完成格子。在图 10-2 中，可以看到在游戏棋盘的左下方，已经完成了一个格子。画线后完成格子的玩家，得 1 分。可以看到右上方的格子已经画了 3 条边。现在轮到玩家 1 了，如果他在(4,4)和(4,3)之间画线，那么他将得 1 分。如果他画别的线段，比如从(4,1)到(5,1)的线段，那么就给了玩家 2 完成格子并得 1 分的机会。只有完成棋盘上的最小格子才能得分。当格子全部画完，得分最多的玩家获胜。这个游戏还有一些变体，比如棋盘形状不一样或者规则更高级，但本章构建的简单 AI 适用于刚才描述的规则。

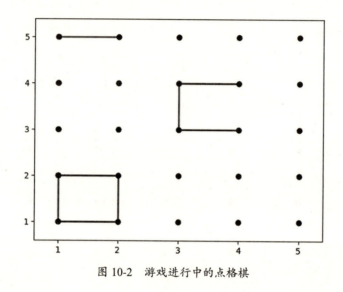

图 10-2　游戏进行中的点格棋

画棋盘

虽然对于我们的算法来说不是必需的，但是绘制棋盘更方便将讨论的想法可视化。循环 x 和 y 坐标，使用 Python 的 matplotlib 模块的 plot()函数，通过下面这个非常简单的绘图函数生成 $n×n$ 点阵：

```
import matplotlib.pyplot as plt
from matplotlib import collections as mc
def drawlattice(n,name):
    for i in range(1,n + 1):
        for j in range(1,n + 1):
            plt.plot(i,j,'o',c = 'black')
    plt.savefig(name)
```

在这段代码中，n 表示点阵的边长，name 参数表示保存输出的文件路径，参数 c = 'black'指定点的颜色。我们创建一个 5×5 的黑色点阵并保存它，命令如下：

```
drawlattice(5,'lattice.png')
```

这正是创建图 10-1 的命令。

游戏描述

由于点格棋游戏需要不断地画线段，所以我们将游戏表示为有序的线段列表。就像前几章那样，将一条线（即一步）表示为两个有序对（即线段的两个端点）构成的列表。例如，将(1,2)和(1,1)之间的线段表示为以下列表：

```
[(1,2),(1,1)]
```

一次游戏就是由这样的线段构成的有序列表，比如：

```
game = [[(1,2),(1,1)],[(3,3),(4,3)],[(1,5),(2,5)],[(1,2),(2,2)],[(2,2),(2,1)],[(1,1),(2,1)], \
[(3,4),(3,3)],[(3,4),(4,4)]]
```

这就是图 10-2 所示的游戏。我们可以断定它还在进行中，因为点阵中的线段还没有画满。

我们可以在 drawlattice()函数中添加一个 drawgame()函数。这个函数能画出游戏棋盘上的点及当前游戏中的所有线段。清单 10-1 中的函数将完成这个任务。

```
def drawgame(n,name,game):
    colors2 = []
    for k in range(0,len(game)):
        if k%2 == 0:
            colors2.append('red')
        else:
            colors2.append('blue')
    lc = mc.LineCollection(game, colors = colors2, linewidths = 2)
    fig, ax = plt.subplots()
    for i in range(1,n + 1):
        for j in range(1,n + 1):
            plt.plot(i,j,'o',c = 'black')
    ax.add_collection(lc)
```

```
ax.autoscale()
ax.margins(0.1)
plt.savefig(name)
```

清单 10-1：画出点格棋游戏棋盘的函数

这个函数以 `n` 和 `name` 作为参数，跟 `drawlattice()` 一样。另外，它还有跟 `drawlattice()` 绘制点阵时完全一样的嵌套循环。首先我们定义了 `colors2` 列表，将其初始化为空列表，然后将绘制线段所用的颜色填充到该列表。点格棋的两个玩家轮流进行，为不同玩家分配不同颜色，因此线段的颜色交替出现——在这个例子中，红色代表第一个玩家，蓝色代表第二个玩家。初始化 `colors2` 列表后，使用 `for` 循环迭代所有线段，交替填充为 `'red'` 和 `'blue'`。还有几行代码创建了游戏进行中的线段集合，按照前面章节绘制线段集合的方法将它们画出来。

注意

本书不采用彩色印刷，玩点格棋的时候不太需要有颜色。但我们还是写了颜色代码，在家里运行代码的时候可以看到这些颜色。

用一行代码调用 `drawgame()` 函数，如下：

```
drawgame(5,'gameinprogress.png',game)
```

这正是创建图 10-2 的代码。

游戏得分

接下来，我们创建为点格棋游戏记分的函数。首先考虑这样的函数：给定任意游戏，找到已画完的完整格子；然后创建一个函数来计算分数。通过迭代游戏中的每个线段，函数对已完成格子的个数进行统计。如果一个线段是水平线，检查它下面的平行线及左右两边的线段是否都存在于游戏中，从而确定它是不是一个已完成格子中的上横边。清单 10-2 中的函数完成了这个任务：

```
def squarefinder(game):
    countofsquares = 0
```

```
    for line in game:
        parallel = False
        left=False
        right=False
        if line[0][1]==line[1][1]:
            if [(line[0][0],line[0][1]-1),(line[1][0],line[1][1] - 1)] in game:
                parallel=True
            if [(line[0][0],line[0][1]),(line[1][0]-1,line[1][1] - 1)] in game:
                left=True
            if [(line[0][0]+1,line[0][1]),(line[1][0],line[1][1] - 1)] in game:
                right=True
            if parallel and left and right:
                countofsquares += 1
    return(countofsquares)
```

清单 10-2：统计点格棋游戏棋盘的格子数量的函数

可以看到，该函数返回 countofsquares 的值，这个变量在函数开头被初始化为 0。该函数的 for 循环对游戏中的每个线段进行迭代。一开始，我们假设这条线下面的平行线及连接这两条平行线的左右两条线都不在游戏中。如果给定线段是一条水平线，我们检查它的平行线及左右两条线是否都在游戏中。如果格子的四条边都在游戏中，则将 countofsquares 变量加 1。这样，countofsquares 就是到目前为止在游戏中完成的格子总数。

现在我们编写一个简短的函数来计算游戏得分。分数存储为一个包含两个元素的列表，如[2,1]。分数列表的第一个元素表示第一个玩家的得分，第二个元素表示第二个玩家的得分。清单 10-3 给出了记分函数。

```
def score(game):
    score = [0,0]
    progress = []
    squares = 0
    for line in game:
        progress.append(line)
        newsquares = squarefinder(progress)
        if newsquares > squares:
            if len(progress)%2 == 0:
                score[1] = score[1] + 1
```

```
        else:
            score[0] = score[0] + 1
    squares=newsquares
return(score)
```

清单 10-3：统计点格棋游戏得分的函数

记分函数按顺序处理游戏中的每一条线段，考虑截至当前回合得到的每条线段。如果当前格子总数大于上一回合的格子数，我们就知道当前回合的玩家得了分，将他的得分加 1。运行 print(score(game))，查看图 10-2 的游戏得分。

博弈树及如何获胜

现在我们知道了如何画点格棋和记分，接下来考虑如何获胜。你可能对点格棋是一个博弈游戏不怎么感兴趣，但它与国际象棋、西洋跳棋或井字棋一样，它的获胜算法能够为你生活中遇到的竞争局面提供一种新的思维方式。简单来说，获胜策略的本质就是系统地分析当前行动的未来结果，然后选择通往最佳未来的行动。这听起来好像有些啰唆，但其实现方式需要进行仔细、系统的分析；可以采取决策树的形式，类似于我们在第 9 章构建的决策树。

图 10-3 所示的为可能未来结果。

从树的顶端开始，当前情况是这样的：比分 0-1，我方落后，现在轮到我方了。一种方案是左边的分支：从(4,4)到(4,3)画一条线。这一步完成一个格子，因此我们得 1 分。无论对手采取什么行动（即图 10-3 左下方的两个分支所列出的可能性），在对手下一次走棋后，游戏将处于平局状态。相反，如果我们这一轮从(1,3)到(2,3)画一条线，如图 10-3 的右侧分支所示，那么对手就可以从(4,4)到(4,3)画一条线，则完成一个格子并得 1 分，或者从(3,1)到(4,1)画一条线，则比分还是 0-1。

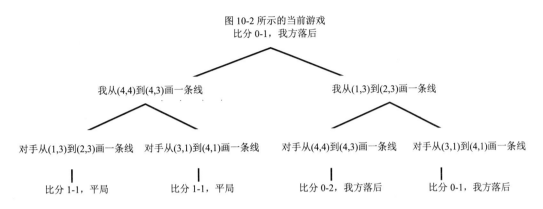

图10-3 游戏的可能延续形成的树

考虑以上可能性,两步以内游戏可能出现三种比分:1-1、0-2 或 0-1。在这里,很明显我们应该选择左侧分支,因为这个分支扩展出来的每一种可能性都比右侧分支对我们更有利。这种类型的推理是我们的人工智能做出最佳行动决策的本质。即构建一个博弈树,检查所有终端节点的结果,然后使用简单的递归推理,根据该决策的可能未来,决定采取什么行动。

你可能注意到图10-3 中的博弈树非常不完整。似乎只有两种可能的行动(即左分支和右分支),而每一种可能的行动之后,对手也只有两种可能的行动。当然不是这样,双方玩家都有许多选择。记住你可以连接点阵中任意两个相邻的点。真正的博弈树是,在游戏当前时刻有许多分支,每个玩家的每一个可能的行动都对应一个分支。在树的每一层都是这样:不仅我有许多行动可选择,对手也有许多选择,并且每一步又有许多分支。只有当游戏快要结束时,几乎所有的线段都画完了,可能的行动数目才会减少到 2 然后到 1。图10-3 并没有绘制博弈树的每一个分支,因为页面空间不够——我们只画了几步,来阐明博弈树的概念和思考过程。

想象一个延伸到任意深度的博弈树——我们不仅要考虑自己的行动和对手的反应,还要考虑我们对这个反应的反应,以及对手对那个反应的反应,等等,只要我们想继续进行。

构建树

这里构建的博弈树与第 9 章的决策树有很大不同。最重要的区别在于目标不同：决策树是基于特征进行分类和预测的，而博弈树只是简单地描述每一个可能的未来。因为目标不同，所以构建的方式也不同。记得在第 9 章中，我们必须选择一个变量和一个分裂点来决定树的每个分支。而这里，很容易知道下一个分支是什么，因为每个可能的行动都是一个分支。我们所要做的就是生成一个列表，列出游戏中所有可能的走法。可以通过几个嵌套循环来实现，迭代点阵中每两个点之间所有可能的线段：

```
allpossible = []

gamesize = 5

for i in range(1,gamesize + 1):
    for j in range(2,gamesize + 1):
        allpossible.append([(i,j),(i,j - 1)])

for i in range(1,gamesize):
    for j in range(1,gamesize + 1):
        allpossible.append([(i,j),(i + 1,j)])
```

这段代码首先定义一个空列表 `allpossible` 和一个 `gamesize` 变量，即点阵的边长。然后是两个循环。第一个循环将垂直线段添加到可能走法列表。注意，对任意 `i` 和 `j`，第一个循环将线段 `[(i,j),(i,j-1)]` 表示的走棋添加到我们的可能走法列表。它总是一条垂直线。类似地，第二个循环将水平线段 `[(i,j),(i+1,j)]` 添加到可能的走法列表。最后，`allpossible` 列表包含了所有可能的行动。

正在进行中的游戏，如图 10-2 所示，并非每一步都会发生。如果玩家已经走了特定的走棋，接下来这步走棋就不会再出现。我们需要把已经走过的从 `allpossible` 列表中删除，得到特定游戏阶段中所有可能的走法列表。这很简单：

```
for move in allpossible:
    if move in game:
        allpossible.remove(move)
```

可以看到，对可能走法列表中的每一个行动进行迭代，如果它已经是走过的，则从列表中删除。最后得到特定游戏进行中的可能走法列表。运行 print(allpossible) 查看这些行动，检查它们是否正确。

现在我们有了所有可能走法的列表，就可以构建博弈树了。将博弈树表示为行动的嵌套列表。记住，一个行动表示为一个有序对的列表，如 [(4,4),(4,3)]，这是图 10-3 左分支中的第一个行动。如果我们想要表示一个只包含图 10-3 最上面两个行动的树，可以这样写：

```
simple_tree = [[(4,4),(4,3)],[(1,3),(2,3)]]
```

它只包含两个行动：即图 10-3 当前游戏中的行动。如果想要包含对手的可能反应，就必须添加另一层嵌套。为此，我们将每个行动及其子行动放在一个列表中，这些子行动是从原行动分支出来的。首先添加一个空列表表示子行动：

```
simple_tree_with_children = [[[(4,4),(4,3)],[]],[[(1,3),(2,3)],[]]]
```

花点时间确保你理解这个嵌套。每一个行动是一个列表，同时与它的子行动又构成一个列表。然后，所有这些列表一起存储在一个主列表中，这个主列表就是完整的树。

我们可以用嵌套的列表结构来表达图 10-3 的整个博弈树，包括对手的反应：

```
full_tree =
[[[(4,4),(4,3)],[[(1,3),(2,3)],[(3,1),(4,1)]]],[[(1,3),(2,3)],[[(4,4),(4,3)],\
[(3,1),(4,1)]]]]
```

方括号立刻显得很笨拙，但我们需要嵌套结构，才能正确跟踪哪些行动是哪些行动的子行动。

创建一个函数来创建博弈树，不必手动编写。函数以可能行动列表作为输入，然后将每个行动附加到树中（清单 10-4）。

```
def generate_tree(possible_moves,depth,maxdepth):
    tree = []
    for move in possible_moves:
        move_profile = [move]
```

```
        if depth < maxdepth:
            possible_moves2 = possible_moves.copy()
            possible_moves2.remove(move)
            move_profile.append(generate_tree(possible_moves2,depth + 1,maxdepth))
        tree.append(move_profile)
    return(tree)
```

清单 10-4：创建指定深度博弈树的函数

函数 generate_tree() 首先定义一个空列表 tree。然后迭代每一个可能的行动。对于每个行动，创建一个 move_profile。刚开始，move_profile 只包含这个行动本身。但是对于那些还没有到达最大深度的分支，需要添加行动的子节点。我们采用递归的方式添加子元素：再次调用 generate_tree() 函数，但这次我们从 possible_moves 列表删除了一个行动。最后，将 move_profile 列表添加到树中。

只需要几行就可以简单地调用这个函数：

```
allpossible = [[(4,4),(4,3)],[(4,1),(5,1)]]
thetree = generate_tree(allpossible,0,1)
print(thetree)
```

运行后可得下面的树：

```
[[[(4, 4), (4, 3)], [[[(4, 1), (5, 1)]]]], [[(4, 1), (5, 1)], [[[(4, 4), (4, 3)]]]]]
```

接下来，我们增加两处修改，让这个树更加有用：第一处是记录每次行动的得分，第二处是为子节点预留一个空白列表（清单 10-5）。

```
def generate_tree(possible_moves,depth,maxdepth,game_so_far):
    tree = []
    for move in possible_moves:
        move_profile = [move]
        game2 = game_so_far.copy()
        game2.append(move)
        move_profile.append(score(game2))
        if depth < maxdepth:
            possible_moves2 = possible_moves.copy()
            possible_moves2.remove(move)
            move_profile.append(generate_tree(possible_moves2,depth + 1,maxdepth,game2))
```

```
        else:
            move_profile.append([])
        tree.append(move_profile)
    return(tree)
```

清单 10-5：生成博弈树的函数，包含子行动和得分

像这样再次调用这个函数：

```
allpossible = [[(4,4),(4,3)],[(4,1),(5,1)]]
thetree = generate_tree(allpossible,0,1,[])
print(thetree)
```

得到结果：

```
[[[(4, 4), (4, 3)], [0, 0], [[[(4, 1), (5, 1)], [0, 0], []]]], [[(4, 1), (5, 1)], [0, 0], \
[[[(4, 4), (4, 3)], [0, 0], []]]]]
```

可以看到，它的每个条目都是一个完整的行动描述，包括一个行动（如 [(4,4),(4,3)]）、一个得分（如[0,0]）和一个（有时是空的）子列表。

获胜

我们终于准备好创建玩点格棋的函数了。在编写代码之前，先考虑它背后的原理。具体来说，人类如何玩点格棋？更普遍地说，我们是如何在任意策略性游戏（如象棋或井字棋）中获胜的呢？每一款游戏都有独特的规则和特征，但基于博弈树分析，我们可以找到一种必胜的玩法。

我们使用的必胜算法叫作极大极小（mini-max, minimum 和 maximum 两个词的组合）算法，这么命名是因为当我们试图在游戏中最大化自己的得分时，对手也在试图最小化我们的得分。当我们选择正确行动的时候，不得不从战略上考虑我方最大化和对手最小化之间的不断博弈。

仔细看看图 10-3 所示的简单博弈树。从理论上讲，博弈树可以变得非常大，具有巨大的深度而且每一层都有许多分支。但任何博弈树，无论大小，都是由相同的组件构成的：即许多嵌套的小分支。

以图 10-3 为例，我们有两个选择，如图 10-4 所示。

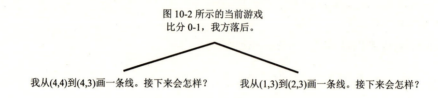

图 10-4　考虑选择两个走棋的其中之一

我们的目标是最大化我方得分。为了在这两个走棋中做出决定，我们需要知道它们会导致什么，每个行动带来什么样的未来。为此，需要往深层探索博弈树，查看所有可能的结果。先看看右分支的行动（图 10-5）。

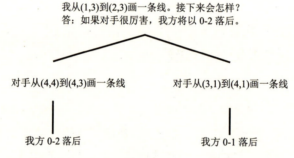

图 10-5　假设对手试图最小化你的得分，你的未来情况

这个移动可能带来两种未来：最后我们 0-1 落后，或者 0-2 落后。如果对手打得很好，想要最大化自己的得分，这与最小化我们的得分是一样的。如果对手要最小化我们的得分，会选择让我们以 0-2 落后的走法。反之，如果考虑另一个选择，即图 10-4 的左分支，未来如图 10-6 所示。

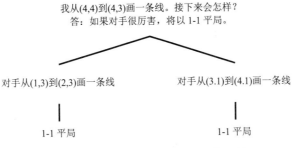

图 10-6 不论对手怎么走，结果都一样

这时，对手的两个选择都导致 1-1 比分。同样假设对手想要最小化我们的得分，我们说这种走法将导致未来 1-1 平局。

现在我们知道两种走法分别会带来什么未来。图 10-7 标出了图 10-4 的未来。

图 10-7 基于图 10-5 和 10-6，我们可以对每一个行动导致的未来进行推理并比较

因为我们清楚地知道每一步的未来，就可以实施最大化：能够带来最大化、最佳得分的，是左分支的行动，所以选择左分支。

刚才的推理过程叫作极大极小算法。当前的选择是最大化我方的得分。而为了最大化我方的得分，必须考虑到对手试图让我方得分最小化的所有方法。所以最好的选择是在考虑对手最小化我方得分的情况下最大化我方的得分。

注意，极大极小（mini-max）与时间是反向的。从时间上说游戏是从现在到未来正向进行的。但在某种程度上，极大极小算法是在时间上逆向进行的，因为我们首先考虑的是遥远未来的得分，然后再回到现在，选择能够带来最佳未来的当前行动。在博弈树中，极大极小代码是从树的顶端开始的，每个子分支递归调用 minimax。然后子分支轮流在它们自己的子分支上递归调用 minimax。这种递归调用一直持续到终端节点，终端节点不再调用 minimax，而是计算游戏得分。因此，我们首先计算终端节点的游戏得分；也就是说我们首先从遥远未来计算得分开始。然后将这些比分传递回它们的父节点，以便父节点能够计算出最佳行动及相应得分。这些分数和行动再通过博弈树向上传递，直到回到顶端，即表示当前状态的父节点。

实现 minimax 的函数如清单 10-6 所示。

```python
import numpy as np
def minimax(max_or_min,tree):
    allscores = []
    for move_profile in tree:
        if move_profile[2] == []:
            allscores.append(move_profile[1][0] - move_profile[1][1])
        else:
            move,score=minimax((-1) * max_or_min,move_profile[2])
            allscores.append(score)
    newlist = [score * max_or_min for score in allscores]
    bestscore = max(newlist)
    bestmove = np.argmax(newlist)
    return(bestmove,max_or_min * bestscore)
```

清单 10-6：使用 minimax 在博弈树中找到最佳行动的函数

我们的 minimax() 函数比较短。主要就是一个 for 循环，迭代树中的每个行动。如果一个行动没有子行动，则计算该行动相应的分数，即我方格子数与对方格子数之间的差值。如果一个行动有子行动，则对每个子行动调用 minimax() 以获得每个行动相应的分数。然后我们需要做的就是找到最高分数对应的那个行动。

调用 minimax() 函数来确定游戏任意回合的最佳行动。调用 minimax() 之前，要确保所有的定义都是正确的。首先，定义游戏，使用与之前完全相同的代码获得所有可能的行动：

```
allpossible = []

game = [[(1,2),(1,1)],[(3,3),(4,3)],[(1,5),(2,5)],[(1,2),(2,2)],[(2,2),(2,1)],[(1,1),(2,1)],\
[(3,4),(3,3)],[(3,4),(4,4)]]
```

```
gamesize = 5

for i in range(1,gamesize + 1):
    for j in range(2,gamesize + 1):
        allpossible.append([(i,j),(i,j - 1)])

for i in range(1,gamesize):
    for j in range(1,gamesize + 1):
        allpossible.append([(i,j),(i + 1,j)])

for move in allpossible:
    if move in game:
        allpossible.remove(move)
```

接下来，生成一个完整的博弈树，扩展到三层深度：

```
thetree = generate_tree(allpossible,0,3,game)
```

现在有了博弈树，调用 minimax() 函数：

```
move,score = minimax(1,thetree)
```

最后，检查最佳行动：

```
print(thetree[move][0])
```

我们看到，最佳行动是 [(4,4),(4,3)]，这一步走法可以完成一个格子并为我们赢得一分。AI 可以玩点格棋，并选择最佳的行动！你可以尝试换个棋盘大小，或不同的游戏场景，或不同的树深度，然后检查 minimax 算法是否能够很好地执行。在本书的续篇，我们将讨论如何确保你的 AI 不会同时拥有自我意识和邪恶想法并决定颠覆人类。

改进

现在你可以执行 minimax，可以在任何游戏中使用它。或者可以把它应用到生活决策中，思考未来，把每一个最小可能性最大化。（对任意博弈场景，极大极小算法的结构是一样的，但是为了让极大极小代码适用于不同的游戏，我们不得不编写新代码生成博弈树,枚举所有可能的行动并计算游戏得分)。

这里构造的 AI 能力非常有限。它只能用简单的规则玩游戏。每一步决策只向前看几个步骤,不需要花太多时间(几分钟或更多),这取决于使用什么处理器来运行代码。想要改进这个 AI 是很自然的事。

我们肯定想要改进的是 AI 的速度。它的速度很慢,因为它需要处理大量的博弈树。改进极大极小算法性能的主要方法之一是对博弈树进行修剪。你可能还记得第 9 章讲过修剪,顾名思义就是:如果认为树枝非常糟糕,或者是另一个树枝的复制品,就把它从树上剪掉。修剪并不简单,需要学习更多的算法才能做得好。例如 alpha-beta 剪枝算法,如果某个子分支确实比其他的子分支差,则停止检查这个子分支。

还有一个自然的改进是让 AI 能够适用于不同的规则或不同的游戏。例如,点格棋的一个常用规则是,赢得一分的玩家可以再画一条线。有时这会带来一连串的结果,即玩家在一个回合中连续完成许多格子。这个简单的变化,在我们小学操场上称作"乘胜追击",改变了游戏的战略考虑,需要对代码进行一些修改。你还可以试着实现一个 AI,在十字形或其他奇异形状的格子上玩点格棋,这些都可能影响游戏策略。minimax 的美妙之处在于它不需要精妙的战略理解;只需要向前看的能力,哪怕一个不擅长国际象棋的程序员,也可以编写一个 minimax 算法以便在国际象棋中获胜。

还有一些强大的方法可以提高计算机 AI 的性能,但它们超越了本章范畴。包括强化学习(例如,国际象棋程序通过与自己对弈而不断优化)、蒙特卡洛方法(将 shogi 游戏程序生成随机未来从而理解可能性)及神经网络(井字棋程序使用机器学习方法预测对手的行动,类似我们在第 9 章讨论的方法)。这些方法强大而卓越,但主要是让我们的树搜索和极大极小算法更高效;树搜索和极大极小算法仍然是战略性 AI 的核心。

小结

这一章我们讨论了人工智能。这是一个被大肆宣传的术语,但当你看到编写 minimax() 函数只需要十几行代码时,AI 突然变得不再那么神秘和令人生畏了。当然，为了准备编写这些代码，我们必须学习游戏规则，绘制游戏棋盘，构建博弈树，以及配置 minimax() 函数以正确计算游戏结果。随后我们精心构建了算法，以算法的方式思考问题，然后在需要的时候编写函数。

下一章是未来建议，以便那些雄心勃勃的算法研究者们继续探索算法世界的边缘，开拓更广阔的领域。

11

勇往直前

你已经穿越了搜索和排序的黑暗森林，跨过了深奥数学的冰冻河流，越过了梯度上升的险峻山口，趟过了几何的绝望沼泽，征服了运行时间缓慢的巨龙。祝贺你！如果你愿意，完全可以回家，去一个没有算法的地方舒服地待着。这一章是为那些合上书后还想继续冒险的人准备的。

没有哪本书可以囊括算法相关的所有内容。要知道的东西太多了，而且不断有更多的东西被发掘出来。本章主要讲三件事：用算法做更多事情，如何更好更快地使用算法，以及发现算法最深的奥秘。

这一章我们构建一个简单的聊天机器人，它可以和我们谈论本书的前几章内容。然后我们讨论世界上最难的一些问题，以及如何通过精心制作算法来解决它们。最后，讨论算法世界最深的奥秘，比如详细说明如何用高级算法理论赢得100万美元。

用算法做更多事情

前面 10 章介绍了很多领域中执行各种任务的算法。但是算法能做的比我们这里看到的多得多。如果你希望继续进行算法冒险,应该探索其他领域相关的重要算法。

例如,很多信息压缩算法可以将篇幅较长的书以编码形式存储,仅为初始大小的一小部分,还可以将复杂的照片或胶片文件以最小损失甚至零损失,压缩为可管理的大小。

在线安全通信能力依赖于加密算法,并行比如放心地将我们的信用卡信息传递给第三方。密码学是一门非常有趣的学科,有着令人激动的历史,有冒险、间谍、背叛,还有破解密码赢得战争胜利的书呆子。

近来,并行分布式计算开发了创新算法。并行分布式计算算法不是一次执行一个操作、执行几百万次,而是将数据集分割成许多小部分,然后将它们发送到不同的计算机,这些计算机同时执行操作并返回结果,然后重新编译后作为最终输出呈现。通过并行处理数据的所有部分,而不是顺序处理,并行计算节省了大量的时间。这对于机器学习应用非常有用,因为机器学习需要处理非常大的数据集或同时执行大量的简单计算。

数十年来,人们一直对量子计算的潜力感到兴奋。如果量子计算机能正常运转,那么只需要非量子超级计算机运行时间的很小一部分,就能完成极其困难的计算(例如破解最先进的密码所需的计算)。由于量子计算机的架构与标准计算机架构不同,因此可以设计出新的算法,利用量子计算机特有的物理属性,以更快的速度完成任务。目前来说,这或多或少只是一个学术问题,因为量子计算机还没达到实际应用的状态。但如果这项技术成熟起来,量子算法将变得极其重要。

当你学习这些算法或其他领域的算法时,不必从头开始。通过掌握本书的算法,你知道了什么是算法,算法的工作原理,以及如何编写算法的代码。学习第一个算法或许相当困难,但第 50 或 200 个算法容易得多,因为你的大脑将适应算法构造的一般模式,以及如何用算法的方式进行思考。

为了证明你现在能够理解算法及算法编程,我们将探索一些协同工作的算法,实现聊天机器人功能。如果通过这里的简单介绍你能理解它的工作原理和代码实现,那么你就可以理解任何领域任意算法的工作原理了。

构建聊天机器人

构建一个简单的聊天机器人，回答关于本书内容的问题。首先导入稍后要用到的重要模块：

```
import pandas as pd
from sklearn.feature_extraction.text import TfidfVectorizer
from scipy import spatial
import numpy as np
import nltk, string
```

下一步是文本规范化（text normalization），即将自然语言文本转换为标准化子串的过程，以便从表面上对比不同的文本。我们想让机器人理解 America 和 america 指的是同一个东西，regeneration 和 regenerate 表达的意思是一样的（尽管词类不同），centuries 是 century 的复数形式，hello;和 hello 本质上没有区别。我们想让聊天机器人以同样的方式对待同根词（除非有其他理由）。

假设有以下查询：

```
query = 'I want to learn about geometry algorithms.'
```

第一件事是将所有字符转换为小写字母。使用 Python 内置的 `lower()` 方法实现：

```
print(query.lower())
```

输出是 `i want to learn about geometry algorithms.`。然后删除标点符号。为此先创建一个字典（dictionary）：

```
remove_punctuation_map = dict((ord(char), None) for char in string.punctuation)
```

这段代码创建了一个字典，将每一个标准的标点符号映射到 Python 对象 None，并将字典存储在 `remove_punctuation_map` 变量中。然后用这个字典删除标点符号：

```
print(query.lower().translate(remove_punctuation_map))
```

这里，我们使用 `translate()` 方法获取查询中所有的标点符号，将它们变为空的——换句话说，删除标点符号。得到的输出和刚才一样——i want to learn about geometry algorithms——只是末尾没有句号。接下来执行标记化（tokenization），将文本字符串转换为子串的列表：

```
print(nltk.word_tokenize(query.lower().translate(remove_punctuation_map)))
```

使用 nltk 的标记化函数实现，得到输出：['i', 'want', 'to', 'learn', 'about', 'geometry', 'algorithms']。

现在做词干提取（stemming）。在英语中，单词 jump、jumps、jumping、jumped 及其他派生形式，是各不相同的，但它们都有一个词干：动词 jump。我们不想让聊天机器人因为词源的微小差异而分心；例如比较一个 jumping 句子与一个 jumper 句子，尽管从技术上说它们是不同的词。词干提取去掉派生词的词尾，转换成标准化词干。Python 的 nltk 模块中有一个词干提取函数，我们在列表推导式中使用这个函数，如下：

```
stemmer = nltk.stem.porter.PorterStemmer()
def stem_tokens(tokens):
    return [stemmer.stem(item) for item in tokens]
```

在这段代码中，我们创建了一个 `stem_tokens()` 函数。它以标记列表为输入，调用 nltk 的 `stemmer.stem()` 函数将这些标记转换为词干：

```
print(stem_tokens(nltk.word_tokenize(query.lower().translate(remove_punctuation_map)))
)
```

输出结果是 ['i', 'want', 'to', 'learn', 'about', 'geometri', 'algorithm']。词干提取器已经将 algorithms 转换为 algorithm，geometry 转换为 geometri。将单词替换为它认为是词干的词：即单词的单数形式或者一部分，使文本更容易。最后，将标准化步骤放在函数 `normalize()` 中：

```
def normalize(text):
    return
stem_tokens(nltk.word_tokenize(text.lower().translate(remove_punctuation_map)))
```

文本向量化

现在,你已经准备好学习如何将文本转换为数值向量。在数值和向量之间进行定量比较比单词比较更容易,我们需要进行定量比较才能让聊天机器人工作。

我们使用一种简单方法,TFIDF,即词频-逆文件频率(term frequency-inverse document frequency),将文档转换为数值向量。对于每个文档向量来说,它的一个元素对应语料库中的一个词,每个元素是给定词条的词频(该词条在某个文档中出现的次数)与逆文件频率(对总文档与包含该词条的文档的比值求对数)的乘积。

例如,假设我们要为美国总统简介创建 TFIDF 向量。创建 TFIDF 向量的时候,我们把每个简介称为文档。在亚伯拉罕·林肯的简介中,"representative"一词至少出现了一次,因为他曾在伊利诺伊州众议院和美国众议院任职。如果 representative 在简介中出现三次,那么我们说它的词频为 3。美国有十几位总统曾在众议院任职,所以在总共 44 位总统的简介中,大概有 20 位包含 representative。然后我们可以计算逆文件频率为:

$$\log\left(\frac{44}{20}\right) = 0.788$$

最终值是词频乘以逆文件频率:$3 \times 0.788 = 2.365$。现在考虑 Gettysburg 这个词。它在林肯的简介中出现过两次,但从未在其他简介中出现过,所以它的词频是 2,逆文件频率是:

$$\log\left(\frac{44}{1}\right) = 3.784$$

Gettysburg 的向量元素是词频乘以逆文件频率,即 $2 \times 3.784 = 7.568$。每个词条的 TFIDF 值应反映这个词在文档中的重要性。这对聊天机器人如何判断用户意图非常重要。

我们不需要手动计算 TFIDF。使用 `scikit-learn` 模块中的一个函数:

```
vctrz = TfidfVectorizer(ngram_range = (1, 1),tokenizer = normalize, stop_words = 'english')
```

这一行创建一个 `TfidfVectorizer()` 函数,该函数能够从文档集合创建 TFIDF

向量。要创建向量，我们必须指定 `ngram_range`。这个参数告诉向量化函数把什么当作词条处理。我们指定(1,1)，意思是只将 1-grams（即单个单词）作为词条。如果指定(1,3)，则把 1-grams（单个单词）、2-grams（两个单词的短语）和 3-grams（三个单词的短语）作为词条，并为它们分别创建一个 TFIDF 元素。此外，指定 `tokenizer`，它的值是我们之前创建的 `normalize()`函数。最后，必须指定 `stop_words`，过滤掉没有信息量的单词。在英语中，停用词有 the、and、of 以及其他非常常见的单词。通过指定 `stop_words = 'english'`，告诉向量化函数过滤掉内置的英语停用词集，只对不太常见的、信息更丰富的词进行向量化。

现在我们配置聊天机器人聊什么。在这个例子中，它将讨论本书的章节内容，所以创建一个列表，存储每个章节的简单描述。因此，每个字符串都是一个文档。

```
alldocuments = ['Chapter 1. The algorithmic approach to problem solving, including Galileo and baseball.',
          'Chapter 2. Algorithms in history, including magic squares, Russian peasant multiplication, and Egyptian methods.',
          'Chapter 3. Optimization, including maximization, minimization, and the gradient ascent algorithm.',
          'Chapter 4. Sorting and searching, including merge sort, and algorithm runtime.',
          'Chapter 5. Pure math, including algorithms for continued fractions and random numbers and other mathematical ideas.',
          'Chapter 6. More advanced optimization, including simulated annealing and how to use it to solve the traveling salesman problem.',
          'Chapter 7. Geometry, the postmaster problem, and Voronoi triangulations.',
          'Chapter 8. Language, including how to insert spaces and predict phrase completions.',
          'Chapter 9. Machine learning, focused on decision trees and how to predict happiness and heart attacks.',
          'Chapter 10. Artificial intelligence, and using the minimax algorithm to win at dots and boxes.',
          'Chapter 11. Where to go and what to study next, and how to build a chatbot.']
```

接下来将 TFIDF 向量化 fit 到章节描述，即可完成文档处理，随时准备创建 TFIDF 向量。不需要手动操作，使用 scikit-learn 模块中的 `fit()`方法：

```
vctrz.fit(alldocuments)
```

现在，创建关于章节描述以及新查询的 TFIDF 向量，这个查询是关于排序和搜索那章的：

```
query = 'I want to read about how to search for items.'
tfidf_reports = vctrz.transform(alldocuments).todense()
tfidf_question = vctrz.transform([query]).todense()
```

该查询是关于搜索的自然语言文本。接下来两行代码使用内置的 `translate()` 和 `todense()` 方法为章节描述和查询创建 TFIDF 向量。

现在，我们已经将章节描述和查询转换为数值型 TFIDF 向量。这个简单的聊天机器人通过比较查询 TFIDF 向量和章节描述 TFIDF 向量，得到用户正在寻找的章节是描述向量与查询向量最匹配的章节。

向量相似度

我们用余弦相似度（cosine similarity）来判断任意两个向量是否相似。如果你学过很多几何学，就会知道给定任意两个数值向量，可以计算它们之间的夹角。几何学规则使我们不仅可以计算二维和三维的向量间夹角，还可以计算四维、五维或任何维度的向量之间的夹角。如果两个向量非常相似，那么它们之间的夹角就很小。如果两个向量非常不同，夹角就很大。通过计算英文文本之间的"夹角"来比较文本，这个想法有些奇怪，但这正是创建数值 TFIDF 向量的原因——以便使用数值型工具，例如比较夹角，对原本非数值的数据进行比较。

实际上，计算两个向量夹角的余弦比计算夹角更容易。我们知道，如果两个向量夹角的余弦值很大，那么夹角就很小，反之亦然。在 Python 中，`scipy` 模块的 `spatial` 子模块，有一个计算向量夹角余弦的函数。使用 `spatial` 的这个函数来计算章节描述向量和查询向量之间的余弦值，使用列表推导式：

```
row_similarities = [1 - spatial.distance.cosine(tfidf_reports[x],tfidf_question) for x in \
range(len(tfidf_reports)) ]
```

打印输出 `row_similarities` 变量，可以看到如下向量：

```
[0.0, 0.0, 0.0, 0.33931185103773361, 0.0, 0.0, 0.0, 0.0, 0.0, 0.0, 0.0]
```

这里，只有第 4 个元素大于 0，即只有第 4 个章节描述向量与我们的查询向量的角距离接近。通常，我们直接可以看到哪一行的余弦相似度最高：

```
print(alldocuments[np.argmax(row_similarities)])
```

因此，聊天机器人以为我们要找的章节是：

```
Chapter 4. Sorting and searching, including merge sort, and algorithm runtime.
```

清单 11-1 将聊天机器人的简单功能放在一个函数中：

```
def chatbot(query,allreports):
    clf = TfidfVectorizer(ngram_range = (1, 1),tokenizer = normalize, stop_words = 'english')
    clf.fit(allreports)
    tfidf_reports = clf.transform(allreports).todense()
    tfidf_question = clf.transform([query]).todense()
    row_similarities = [1 - spatial.distance.cosine(tfidf_reports[x],tfidf_question) for x in \
range(len(tfidf_reports)) ]
    return(allreports[np.argmax(row_similarities)])
```

清单 11-1：一个简单的聊天机器人函数，输入一个查询，返回与之最相似的文档

清单 11-1 没有什么新内容；都是我们之前见过的代码。现在，可以通过向聊天机器人输入一个查询，找到对应的章节：

```
print(chatbot('Please tell me which chapter I can go to if I want to read about mathematics algorithms.',alldocuments))
```

输出是第 5 章：

```
Chapter 5. Pure math, including algorithms for continued fractions and random numbers and other mathematical ideas.
```

现在你已经知道聊天机器人的整个工作过程，就能理解为什么需要进行规范化和向量化了。通过规范化和词干提取，我们可以确保词条 mathematics 将告诉机器人返回第 5 章的描述，即使这个确切的单词并没有出现在其中。通过向量化，使用余弦相似度度量告诉我们哪个章节描述是最佳匹配。

11 勇往直前 219

聊天机器人已经完成了，它需要将不同的小型算法拼接在一起（文本的规范化、词干提取和数值向量化算法，求向量间夹角余弦的算法，以及基于查询/文档向量相似度给出聊天机器人答案的完整算法）。你可能注意到，很多计算都不需要手动执行——TFIDF 或余弦的实际计算是由导入模块完成的。在实践中，通常不需要真正理解算法的本质，就可以在程序中导入算法并使用。这可能是一件好事，因为它可以加速我们的工作，在需要的时候我们能够使用极其复杂的工具。但也可能是一种诅咒，因为它会导致人们滥用他们并不理解的算法。例如，Wired 杂志的一篇文章声称由于误用金融算法（使用高斯联结函数来预测风险的方法）导致"杀死华尔街""吞没数万亿美元"是大萧条的主要原因（网址见链接列表 11.1 条目）。鼓励你去学习深奥的算法理论，虽然导入 Python 模块带来的便捷性使得这种学习看起来没有必要，但是算法学习总能让你成为一个更好的学者或实践者。

这可能是最简单的聊天机器人，它只回答与本书章节有关的问题。你可以添加许多改进方法来优化它：使章节描述更加具体，更能匹配到广泛的查询范围；找到一种比 TFIDF 更好的向量化方法；添加更多的文档，回答更多的查询。虽然我们的聊天机器人不是最先进的，但我们为它感到自豪，因为它是我们的，是我们自己制造的。如果你能轻松地构建一个聊天机器人，就可以认为自己是一个称职的算法设计者和实施者——祝贺你在阅读本书的过程中取得了这一最终成就。

变得更快更好

比起刚拿到这本书，现在你能用算法做更多的事情。而每一个认真的冒险家同时希望能够把事情做得更好更快。

更好地设计和实现算法有很多事情可以做。比如本书实现的每个算法都依赖于对某些非算法主题的理解。接棒球算法依赖于对物理学甚至一点心理学的理解；俄罗斯农夫乘法依赖于对指数和算术性质的理解，比如二进制符号；第 7 章的几何算法依赖于对点、线和三角形如何连接和组合的理解。对要编写的算法领域理解得越深刻，设计和实现算法就越容易。因此，改进算法的方法很简单：完全理解一切。

对于初出茅庐的算法冒险家来说，下一步要做的自然就是不断润色编程技能。记住，第 8 章介绍了列表推导式，它是一种 Python 工具，能够编写简洁且高性能的算法。随着学习更多编程语言掌握它们的特性，就能够编写更有组织、更紧凑和更强大的代码。再熟练的程序员也同样受益于基础知识，掌握基础知识直到习惯成自然。许多有才华的程序员编写的代码组织混乱，缺乏文档注释，或者效率低下，他们以为可以侥幸通过，因为代码"奏效"。但请记住，通常来说代码不是靠自己成功的——它们几乎总是更大的程序、团队工作或大型商业项目的一部分，依赖于人与人之间的合作以及时间的推移。因此，即使像计划、口头和书面沟通、谈判和团队管理这样的软技能，也能提高你在算法世界中成功的概率。

如果你喜欢创造完美的优化算法，使它们提升到最高效率，那么你很幸运。对于很多计算机科学问题，没有哪个已知的高效算法能比蛮力运行更快。下一节我们概述其中几个问题，并讨论它们的难点。如果亲爱的冒险家，你能创建一个算法，快速解决这些问题中的任何一个，你的余生都将获得名誉、财富和全世界的感激。还等什么？为我们当中最勇敢的人看看这些挑战吧。

雄心勃勃的算法

考虑一个与国际象棋相关的相对简单的问题。国际象棋在 8×8 棋盘上，两个对手轮流移动不同的棋子。皇后（queen）沿着它所在的行、列或对角线移动任意数量的格子。通常情况下，玩家只有一个皇后，但在标准象棋游戏中，玩家可能拥有多达 9 个皇后。如果一个玩家拥有不止一个皇后，那么可能会有两个或两个以上的皇后互相"攻击"——即它们在同一行、同一列或同一对角线上。八皇后问题（eight queens puzzle）要求我们在标准棋盘上放置八个皇后，满足任意一对皇后都不在同一行、同一列或同一对角线上。图 11-1 展示了八皇后问题的一种解决方案。

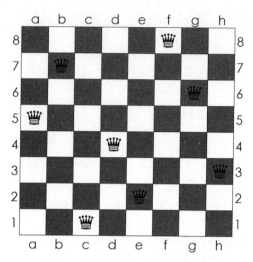

图 11-1　八皇后问题的一种解决方案（来源：Wikimedia Commons）

这个棋盘上的皇后不会互相攻击对方。八皇后问题最简单的解决办法就是简单地记住一个答案，比如图 11-1，然后在需要提供解决方案的时候说出这个答案。然而，这个难题的一些弯弯绕绕让死记硬背变得不可行。第一是增加皇后的数量和棋盘大小。n 皇后问题（n queens problem）要求在 $n×n$ 棋盘上放置 n 个皇后，保证皇后之间不存在互相攻击；n 可以是任意自然数，无论多大。第二个难点是 n 皇后完成问题（n queens completion problem）：开始时对手放置一些皇后，放的位置让你很难再放其他的皇后，但你必须放置剩下的皇后，并且不会攻击其他皇后。你能设计一种快速运行的算法来解决这个问题吗？如果设计出来了，你可以赚到一百万美元（见第 224 页"解开最深的奥秘"）。

图 11-1 可能让你想起数独，因为它涉及检查行和列不重复。在数独游戏中，目标是填入数字 1 到 9，使得每一行、每一列和每个 3×3 方块都恰好包含 1 到 9 每个数字（图 11-2）。数独最初是在日本流行起来的，数独游戏让我们想起了第 2 章探索的日本幻方。

5	3			7				
6			1	9	5			
	9	8					6	
8				6				3
4			8		3			1
7				2				6
	6					2	8	
			4	1	9			
				8			7	9

图 11-2　一个未完成的数独宫格（来源：Wikimedia Commons）

考虑编写算法如何解决数独问题，是一个有趣的练习。最简单、最慢的算法可能是蛮力方法：尝试每一种可能的数字组合，反复检查是否构成正确解，重复直至找到解。这是可行的，但不够优雅，而且可能需要很长时间。根据简单的规则在网格中填充 81 个数字，需要将有限的计算资源发挥到极致，直觉上看这样不行。更复杂的解决方案可以依靠逻辑来减少所需要的运行时间。

N 皇后完成问题和数独还有一个重要的共同点：解决方案很容易验证。也就是说，如果给你一个棋盘和皇后，可能只需要几分钟检查它是不是 n 皇后完成问题的解决方案；如果给你一个网格和 81 个数字，很容易知道它是不是一个正确的数独解决方案。不幸的是，我们验证答案的容易程度与生成答案的容易程度并不匹配——解决一个复杂的数独难题可能需要几个小时，而验证它只需要几秒钟。在生活中的许多领域，这种生成/验证不匹配是很常见的：毫不费力就能知道一顿饭好不好吃，但做一顿好吃的饭需要投入更多的时间和资源。同样地，判断一幅画好不好看，比画一幅好看的画耗时少得多；验证一架飞机是否能飞，比建造一架能飞的飞机容易得多。

在理论计算机科学中，那些很难用算法解决、但解决方法很容易验证的问题是极其重要的，它们也是该领域中最深奥、最紧迫的难题。特别勇敢的冒险家们敢于投身于这些神秘的事物中——但要当心在那里等待你的危险。

解开最深的奥秘

我们说数独的解很容易验证但很难生成，更正式的意思是它的解可以在多项式时间（polynomial time）内验证；换句话说，验证解所需的步骤数是数独棋盘规模的多项式函数。记得在第 4 章我们讨论运行时间，虽然多项式 x^2 和 x^3 增长很快，但是跟指数函数（如 e^x）相比还是很慢。如果我们能够在多项式时间内验证一个问题的算法解，我们说验证是容易的，如果解的生成需要指数时间，我们就说生成解很难。

能够在多项式时间内验证解的这类问题有一个正式的名称：NP 复杂性（NP 代表不确定性多项式时间（nondeterministic polynomial time），偏理论计算机科学范畴）。NP 是计算机科学中两大最基本的复杂性之一。还有一个叫 P，表示多项式时间。P 复杂性问题是指能在多项式时间内解决的问题。对于 P 问题，我们可以在多项式时间内找到完整的解；而对于 NP 问题，我们可以在多项式时间内验证解，但找到这些解可能需要指数时间。

我们知道数独是一个 NP 问题——容易在多项式时间内验证数独解。那么数独是 P 问题吗？也就是说，有没有一种算法可以在多项式时间内解决数独难题？没有人找到过，也没有人接近过，但我们不能确定是不可能的。

我们知道的 NP 问题非常多。旅行商问题的某些版本是 NP 问题，幻方的最优解也是 NP 问题，重要的数学问题比如整数线性规划也是 NP 问题。跟数独一样，我们不知道这些问题是不是 P 问题——能在多项式时间内找到它们的解吗？这个问题的另一种表达方式是，P = NP 吗？

2000 年，克莱数学研究所（Clay Mathematics Institute）公布了一份"千禧年大奖难题"（Millennium Prize Problems）清单。它宣布，对任何一个猜想，发布并验证它的解决方案，解决者可以获得 100 万美元。这个清单是世界上与数学相关的 7 个最重要的问题，其中 P = NP 是否成立也是其中之一；目前还没有人去领奖。看到这里，高贵的冒险家们最终能破解这个难题并解决这个最关键的算法问题吗？我真诚地希望如此，并祝愿你们每个人在算法旅途中有好运、有力量、充满快乐。

如果有解，即可证明这两个断言之一：P = NP 或 P≠NP。证明 P = NP 相对简单，只需要找到 NP 完全问题的多项式时间算法解决方案。NP 完全（NP-complete）问题是一类特殊的 NP 问题，其特征是每个 NP 问题都可以快速简化为 NP 完全问题；换句话说，如果能解决一个 NP 完全问题，就能解决所有 NP 问题。如果能在多项式时间内解决任何一个 NP 完全问题，你就能在多项式时间内解决所有 NP 问题，这就证明了 P = NP。巧的是，数独和 n 皇后完全问题都是 NP 完全问题。也就是说，找到一个多项式时间算法解决它们中的任意一个，不仅能解决所有 NP 问题，还能赢得百万美元并享誉世界（更不用说还能在数独友谊赛中击败所有你认识的人）。

要证明 P≠NP 可能不像解数独那么简单。P≠NP 意味着存在不能在多项式时间内解决的 NP 问题。这是证明一个否定事实，从概念上说，证明一个事物不存在比指出一个示例要难得多。要想在证明 P≠NP 上取得进展，需要在理论计算机科学方面进行深入研究，这超出了本书的范畴。虽然这条路比较艰难，但 P≠NP 似乎是研究者们的共识，如果 P 与 NP 问题有了解决方案，很可能就证明了 P≠NP。

P 与 NP 问题并不是算法领域唯一深奥的谜题，但最能直接获利。算法设计领域的方方面面都为冒险者提供了广阔的天地。不仅涉及理论和学术问题，也有关于如何在商业环境中实现算法的良好实践等实际问题。不要浪费时间：记住在这里学到的东西，现在就出发，带着新技能去往知识和实践的最远边界，毕生去算法冒险。朋友，再见喽。